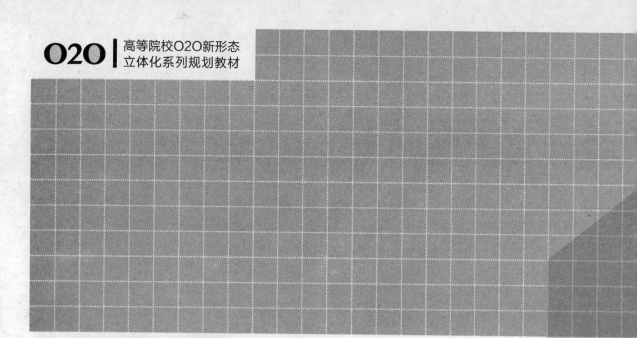

O2O | 高等院校O2O新形态
立体化系列规划教材

计算机
组装与维护 | 微课版

谢娜 谢峰 ◎ 主编

马峰柏 马健 范武辉 ◎ 副主编

U0216555

人民邮电出版社

北 京

图书在版编目（CIP）数据

计算机组装与维护：微课版 / 谢娜，谢峰主编. --
2版. -- 北京：人民邮电出版社，2017.8（2018.3重印）
高等院校O2O新形态立体化系列规划教材
ISBN 978-7-115-45167-5

Ⅰ. ①计… Ⅱ. ①谢… ②谢… Ⅲ. ①电子计算机－
组装－高等学校－教材②计算机维护－高等学校－教材
Ⅳ. ①TP30

中国版本图书馆CIP数据核字(2017)第054734号

内 容 提 要

本书主要讲解计算机组装基础、选购计算机硬件、选购其他计算机设备、组装计算机、设置 BIOS
和硬盘分区、安装操作系统和常用软件、计算机系统备份与优化、构建虚拟计算机测试平台、计算
机的日常维护、计算机的安全维护、计算机故障基础和排除计算机故障等知识。附录中安排 5 个组
装与维护计算机的综合实训，进一步提高学生对相关知识的应用能力。

本书采用由浅入深、循序渐进的方式，以情景导入、案例讲解、项目实训、课后练习和技巧提
升的结构进行讲述。全书包含大量的案例和练习，着重于对学生实际应用能力的培养，并将职业场
景引入课堂教学，让学生提前进入工作的角色中。

本书适合作为高等院校计算机组装和维护的相关课程的教材，也可作为各类社会培训学校相关
专业的教材，同时还可供计算机初学者自学使用。

◆ 主　　编　谢　娜　谢　峰
　　副 主 编　马峰柏　马　健　范武辉
　　责任编辑　马小霞
　　责任印制　焦志炜

◆ 人民邮电出版社出版发行　　北京市丰台区成寿寺路 11 号
　　邮编　100164　　电子邮件　315@ptpress.com.cn
　　网址　http://www.ptpress.com.cn
　　北京圣夫亚美印刷有限公司印刷

◆ 开本：787×1092　1/16
　　印张：15　　　　　　　　　2017 年 8 月第 2 版
　　字数：336 千字　　　　　　2018 年 3 月北京第 4 次印刷

定价：39.80 元
读者服务热线：(010)81055256　印装质量热线：(010)81055316
反盗版热线：(010)81055315
广告经营许可证：京东工商广登字 20170147 号

前　言
PREFACE

　　根据现代教育教学的需要，我们于 2014 年组织了一批优秀的、具有丰富的教学经验和实践经验的作者团队编写了本套"高等院校 O2O 新形态立体化系列规划教材"。

　　教材进入学校已有三年多的时间，在这段时间里，我们很庆幸这套图书能够帮助老师授课，并得到广大老师的认可；同时我们更加庆幸，老师们在使用教材的同时，给我们提出了很多宝贵的建议。为了让本套教材更好地服务于广大老师和同学，我们根据一线老师的建议，开始着手教材的改版工作。改版后的套书拥有案例更多、行业知识更全、练习更多等优点。在教学方法、教学内容、教学资源 3 个方面体现出自己的特色，更加适合现代教学需要。

教学方法

　　本书根据"情景导入→课堂案例→项目实训→课后练习→技巧提升"5 段教学法，将职业场景、软件知识、行业知识进行有机整合，各个环节环环相扣，浑然一体。

- **情景导入**：本书以日常办公中的场景开展，以主人公的实习情景模式为例引入各章教学主题，并贯穿于课堂案例的讲解中，让学生了解相关知识点在实际工作中的应用情况。教材中设置的主人公如下。

　　米拉——职场新进人员，昵称小米。

　　洪钧威——人称老洪，米拉的顶头上司，职场的引路人。

- **案例讲解**：以来源于职场和实际工作中的案例为主线，以米拉的职场经历引入每一个课堂案例。因为这些案例均来自职场，所以应用性非常强。在每个课堂案例中，我们不仅讲解了案例涉及的相关知识，还讲解了与案例相关的行业知识，并通过"职业素养"的形式展现出来。在案例的制作过程中，穿插有"知识提示"和"多学一招"小栏目，提升学生的软件操作技能，扩展学生的知识面。

- **项目实训**：结合课堂案例讲解的知识点，以及实际工作的需要进行综合训练。训练注重学生的自我总结和学习，所以在项目实训中，我们只提供适当的操作思路及步骤提示供参考，要求学生独立完成操作，充分训练学生的动手能力。同时增加与本章实训相关的"专业背景"，让学生提升自己的综合能力。

- **课后练习**：结合本章内容给出难度适中的上机操作题，可以让学生强化巩固所学知识。

- **技巧提升**：以本章案例涉及的知识为主线，深入讲解软件的相关知识，让学生可以更便捷地操作软件，或者可以学到软件的更多高级功能。

教学内容

本书的教学目标是循序渐进地帮助学生掌握计算机组装与维护技术，具体包括掌握计算机组装、维护和故障排除的基础知识，能够选购并组装计算机，能安装各种软件，并掌握计算机日常维护和简单故障排除的相关操作。全书共 12 章，可分为以下 5 个部分。

- 第 1~3 章：主要讲解计算机组装、选购各种硬件和其他设备的基础知识和基本操作。
- 第 4~6 章：主要讲解组装一台计算机，并安装好各种软件的具体操作。
- 第 7~8 章：主要讲解系统备份和优化，以及构建虚拟测试平台等相关知识。
- 第 9~10 章：主要讲解计算机的日常维护和安全维护的相关知识。
- 第 11~12 章：主要讲解计算机发生故障的原因和排除故障的相关知识。

平台支撑

人民邮电出版社充分发挥在线教育方面的技术优势、内容优势、人才优势，潜心研究，为读者提供一种"纸质图书 + 在线课程"相配套，全方位学习计算机组装与维护的解决方案。读者可根据个人需求，利用图书和"微课云课堂"平台上的在线课程进行碎片化、移动化的学习，以便快速全面地掌握计算机组装与维护的相关知识。

"微课云课堂"目前包含近 50000 个微课视频，在资源展现上分为"微课云""云课堂"这两种形式。"微课云"是该平台中所有微课的集中展示区，用户可随需选择；"云课堂"是在现有微课云的基础上，为用户组建的推荐课程群，用户可以在"云课堂"中按推荐的课程进行系统化学习，或者将"微课云"中的内容进行自由组合，定制符合自己需求的课程。

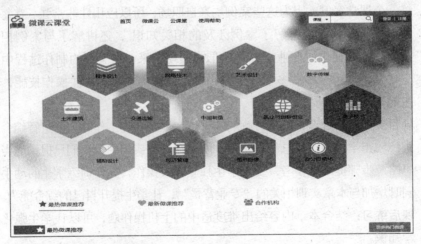

- "微课云课堂"主要特点

微课资源海量，持续不断更新："微课云课堂"充分利用了出版社在信息技术领域的优势，以人民邮电出版社 60 多年的发展积累为基础，将资源经过分类、整理、加工以及微课化之后提供给用户。

资源精心分类，方便自主学习："微课云课堂"相当于一个庞大的微课视频资源库，按照门类进行一级和二级分类，以及难度等级分类，不同专业、不同层次的用户均可以在平台中搜索自己需要或者感兴趣的内容资源。

多终端自适应，碎片化移动化：绝大部分微课时长不超过 10 分钟，可以满足读者碎片化学习的需要；平台支持多终端自适应显示，除了在 PC 端使用外，用户还可以在移动端随心所欲地进行学习。

● "微课云课堂"使用方法

扫描封面上的二维码或者直接登录"微课云课堂"（www.ryweike.com）→用手机号码注册→在用户中心输入本书激活码（e1006126），将本书包含的微课资源添加到个人账户，获取永久在线观看本课程微课视频的权限。

此外，购买本书的读者还将获得一年期价值 168 元的 VIP 会员资格，可免费学习50000 微课视频。

📚 教学资源

本书的教学资源包括以下几个方面的内容。

● **模拟试题库**：包含丰富的关于计算机组装与维护的相关试题，包括填空题、单项选择题、多项选择题、判断题、名词解释题和问答题等多种题型，读者可自动组合出不同的试卷进行测试。另外，还提供了两套完整模拟试题，以便读者测试和练习。

● **PPT 课件和教学教案**：包括 PPT 课件和 Word 文档格式的教学教案，以便老师顺利开展教学工作。

● **拓展资源**：包含教学演示动画、组装计算机的高清彩色图片等。

特别提醒：上述教学资源可访问人民邮电出版社人邮教育社区（http://www.ryjiaoyu.com/）搜索书名下载，或者发电子邮件至 dxbook@qq.com 索取。

本书涉及的所有案例、实训、讲解的重要知识点都提供了二维码，只需使用手机扫描即可查看对应的操作演示，以及知识点的讲解内容，方便灵活地运用碎片时间，即时学习。

本书由谢娜、谢峰任主编，马峰柏、马健、范武辉任副主编，朱琳参编，虽然编者在编写本书的过程中倾注了大量心血，但恐百密之中仍有疏漏，恳请广大读者不吝赐教。

编　者

2017 年 5 月

目 录

CONTENTS

第 3 章   选购计算机其他设备   63

第 4 章   组装计算机   79

第 5 章   设置 BIOS 和硬盘分区   99

第 6 章 安装操作系统和常用软件 121

第 7 章 计算机系统备份与优化 139

第 8 章 搭建虚拟计算机测试平台 157

第 9 章　计算机的日常维护　169

第 10 章　计算机的安全维护　181

第 11 章　计算机故障基础　193

计算机组装与维护（微课版）

5

CHAPTER 1

第 1 章
计算机组装基础

情景导入

　　米拉是某公司后勤部的一名员工。最近公司需要对所有的计算机进行更新换代，并将这项工作交给她负责。但米拉只会简单的计算机操作，对于计算机的组装几乎完全不懂，只好从头开始学习计算机组装的相关知识了。

学习目标

● 认识各种类型的计算机。
　　　如台式机、笔记本电脑、一体机和平板电脑等。
● 掌握计算机中的硬件组成。
　　　如 CPU、主板、内存、显卡、硬盘、主机电源和机箱等。
● 掌握计算机中的软件组成。
　　　如系统软件和应用软件等。

案例展示

▲台式计算机的基本外观

▲台式计算机的内部结构

1.1 认识常用的计算机

米拉原来只知道台式机和笔记本电脑，经过这几天的学习和接触，才发现计算机的分类远不止这两种。

自 1946 年问世以来，计算机先后经历了多个发展时代。现在所说的计算机通常是指个人计算机（Personal Computer，PC），它主要分为台式机、笔记本电脑、一体机和平板电脑等几种类型。

1.1.1 台式机

台式机也叫台式电脑，体积较大，主机和显示器等设备相对独立，一般需要放置在桌子或者专用工作台上，因此得名。多数家用和办公用的计算机都是台式机，如图 1-1 所示。

图 1-1 台式机

台式机具有以下一些特性。

- **散热性：** 台式机的机箱具有空间大、通风条件好的特点，因此具有良好的散热性，这是笔记本电脑所不具备的。
- **扩展性：** 台式机的机箱可方便用户进行硬件升级。如台式机机箱中的光驱驱动器插槽有 4~5 个，硬盘驱动器插槽也有 4~5 个，非常方便用户升级硬件。
- **保护性：** 台式机可全方位保护硬件不受灰尘侵害，而且具有一定的防水性。
- **明确性：** 台式机机箱的开关键和重启键，以及 USB 和音频接口都在机箱前置面板中，方便用户使用。

通常所说的计算机是指哪一种类型

通常情况下所说的计算机就是指台式机。本书中若没有明确标注，计算机也是指台式机。

1.1.2 笔记本电脑

笔记本电脑的英文名称为 NoteBook，中文也称手提电脑或膝上型电脑，是一种小型、可携带的计算机，通常重 1~3 公斤。根据产品的定位，可以将笔记本电脑分为 2 合 1 电脑、超极本、商务办公本、时尚轻薄本、影音娱乐本、游戏本、校园学生本和 IPS 硬屏笔记本等多种类型。

- **2 合 1 电脑**：该产品兼具传统笔记本与平板电脑二者的功能，既可以当作平板电脑，也可以当作笔记本使用，如图 1-2 所示。

- **超极本**：该产品英文名称为 Ultrabook，是 Inter 定义的又一全新品类的笔记本产品，Ultra 的意思是极端的。Ultrabook 指极致轻薄的笔记本产品，即我们常说的"超轻薄笔记本"，中文翻译为超极本，其集成了平板电脑的应用特性与计算机的性能，如图 1-3 所示。

图 1-2　2 合 1 电脑　　　　　　　　　图 1-3　超极本

2 合 1 电脑与超级本的区别

超极本有可能是 2 合 1 电脑，2 合 1 电脑一定是超极本。2 合 1 电脑是超极本的进阶版，但配置比超极本低一点，可以触控和变形。如果用于办公或普通游戏，可以购买超极本；如果只是进行看电影、浏览网页、听音乐等娱乐活动，则购买 2 合 1 电脑即可。

- **商务办公本**：顾名思义，该产品就是专门为商务办公设计的笔记本电脑，特点为移动性强、电池续航时间长、商务软件多，如图 1-4 所示。

- **时尚轻薄本**：该产品主要特点为外观时尚、轻薄，性能出色，让用户进行办公、学习、娱乐等活动都能有良好的体验，如图 1-5 所示。

图 1-4　商务办公本　　　　　　　　　图 1-5　时尚轻薄本

<table>
<tr><td>多学一招</td><td colspan="2">**特殊用途笔记本**</td></tr>
</table>

> 这种类型的笔记本电脑通常服务于专业领域，如科学考察、军事研究等，可在酷暑、严寒、低气压、高海拔、强辐射或战争等恶劣环境下使用，有的较笨重。

- **影音娱乐本**：该产品在游戏、影音等方面的画面效果和流畅度突出，有较强的图形图像处理能力和多媒体应用能力，通常拥有性能较强的独立显卡和声卡（均支持高清），并有较大的屏幕。

- **游戏本**：该产品是为了细分市场而推出的，是主打游戏性能的笔记本电脑。游戏本并没有一套标准，一般来说，其硬件配置能够达到一定的游戏性能要求。游戏本需要拥有与台式机相媲美的强悍性能，但机身比台式机更便携，外观比台式机更美观，如图1-6所示。

- **校园学生本**：该产品性能与普通台式机相差不大，主要针对学生使用，几乎拥有笔记本电脑的所有功能，但各方面的性能都比较平均，且价格更加便宜。

- **IPS硬屏笔记本**：IPS（In-Plane Switching）就是平面转换，是目前世界上最先进的液晶面板技术，已经被广泛应用于液晶显示器与手机屏幕等显示面板中。相比一般的显示屏幕，IPS屏幕拥有更加清晰、细腻的动态显示效果，视觉效果更为出众。液晶显示器或智能手机使用IPS屏幕的表现更出色，不过价格可能也更高一些，如图1-7所示。

图1-6　游戏本　　　　　　　图1-7　IPS硬屏笔记本

1.1.3　一体机

一体机是由一台显示器、一个键盘和一个鼠标组成的计算机。一体机的芯片和主板与显示器集成在一起，只要将键盘和鼠标连接到显示器上，机器就能使用，如图1-8所示。一体机具有以下一些优点。

- **简约无线**：一体机具有最简洁的线路连接方式，只需要一根电源线就可以完成所有连接，省去了音箱线、摄像头线、视频线、网线。

- **节省空间**：一体机比台式机体积更小，可节省约70%的空间。

图 1-8 一体机

● **超值整合**：同价位的一体机拥有更多部件，集摄像头、无线网线、音箱、蓝牙和耳麦等于一身。

● **节能环保**：一体机更节能、环保，耗电仅为台式机的 1/3，且电磁辐射更小。

● **外观潮流**：一体机简约、时尚的实体化设计，更符合现代人节省空间和追求美观的观念。

同时，一体机也具有以下一些缺点。

● **维修不方便**：若一体机有接触不良或者其他问题，必须拆开显示器后盖进行检查。

● **使用寿命较短**：由于把硬件都集中到了显示器中，一体机散热较慢，其元件在高温下容易老化，因而使用寿命会缩短。

● **实用性不强**：多数配置不高，而且不方便升级。

1.1.4 平板电脑

平板电脑（Tablet Personal Computer）是一款无须翻盖、没有键盘且拥有完整功能的计算机，如图 1-9 所示。其构成组件与笔记本电脑基本相同，以触摸屏作为基本的输入设备，允许用户通过触控笔、数字笔或人的手指进行操作，不使用传统的键盘或鼠标。

图 1-9 平板电脑

平板电脑具有以下优势。

- **携带方便**：平板电脑比笔记本电脑体积更小，重量更轻，具有移动灵活的特点。
- **功能强大**：平板电脑具备数字墨水和手写识别输入功能，以及强大的笔输入识别、语音识别和手势识别功能。
- **特有的操作系统**：平板电脑不仅具有普通操作系统的功能，且可以运行普通计算机兼容的应用程序，并增加了手写输入功能。

同时，平板电脑也具有以下一些缺点。

- **译码**：平板电脑的编程语言不益于手写识别。
- **打字**（学生写作业、编写 E-mail）：平板电脑的手写输入速度较慢，一般只能达到 30 字 / 分钟，不适合大量的文字录入工作。

1.1.5 品牌机和兼容机

品牌机有注册商标，是计算机公司将计算机配件组装好后进行整体销售，并提供技术支持及售后服务的计算机。兼容机是指按用户要求选择配件组装而成的计算机，具有较高的性价比。下面对两种机型进行比较，方便不同的用户选购。

- **兼容性与稳定性**：每一台品牌机的出厂都经过严格测试（通过严格和规范的工序和手段进行检测），因此其稳定性和兼容性都有保障，很少出现硬件不兼容的现象。而兼容机是在很多的配件中选取几个组袋而成，其兼容性无法得到保证。所以，品牌机在兼容性和稳定性方面占优势。
- **产品搭配灵活性**：产品搭配灵活性即配件选择的自由程度，在这方面兼容机具有品牌机不可比拟的优势。兼容机可以满足用户的特殊要求，如根据需要突出计算机某一方面的性能，可以由用户自行选件或者由经销商帮助选件，根据自己的喜好和要求来组装而成。而品牌机的生产数量往往数以万计，不能因为个别用户的要求，专门变更配置生产。因此兼容机在产品搭配灵活性方面占优势。
- **价格**：兼容机往往要比同配置的品牌机便宜几百元，主要是由于品牌机的价格包含了正版软件捆绑费用和厂家的售后服务费用。另外，购买兼容机可以"砍价"，这比购买品牌机要灵活很多。
- **售后服务**：多数消费者最关心的往往不是该产品的性能，而是该产品的售后服务。品牌机的服务质量毋庸质疑，一般厂商都提供 1 年上门、3 年质保的服务，并且有免费技术支持电话，以及紧急上门服务。而兼容机一般只有 1 年的质保期，且键盘、鼠标和光驱等易损产品的质保期只有 3 个月，也不提供上门服务。

1.2 认识计算机的硬件组成

米拉发现，虽然不同品牌的计算机的外观和样式不一样，但基本都包括主机、显示器、鼠标、键盘等主要硬件，部分计算机还配置了音箱、打印机和扫描仪等外部设备。

1.2.1 主机

主机是安装在机箱内的计算机硬件的集合，主要由 CPU、主板、内存、显卡、硬盘、光盘驱动器、主机电源和机箱 8 个部件组成，如图 1-10 所示。

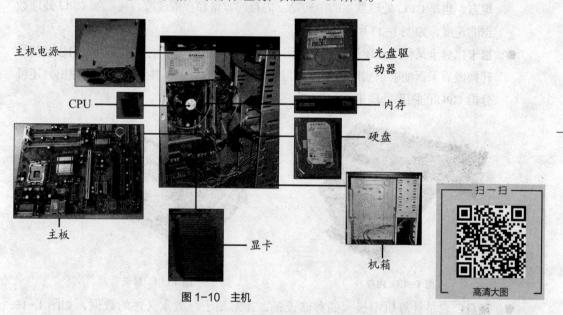

主机电源　CPU　主板　光盘驱动器　内存　硬盘　显卡　机箱

扫一扫

高清大图

图 1-10　主机

- **CPU**：CPU 也称为中央处理器，是计算机的数据处理中心和最高执行单位。它具体负责计算机内数据的运算和处理，与主板一起控制、协调其他设备的工作，如图 1-11 所示。
- **主板**：从外观上看，主板是一块方形的电路板，其上布满了各种电子元器件、插座、插槽和外部接口。它可以为计算机的所有部件提供插槽和接口，并通过其中的线路统一协调所有部件的工作，如图 1-12 所示。

图 1-11　CPU

图 1-12　主板

- **内存**：内存是计算机的内部存储器，也叫主存储器，是计算机用来临时存放数据的地方，也是 CPU 处理数据的中转站。内存的容量和存取速度直接影响 CPU 处理数据的速度，如图 1-13 所示。

- **显卡**：显卡又称为显示适配器或图形加速卡，其功能主要是将计算机中的数字信号转换成显示器能够识别的信号（模拟信号或数字信号），并对其处理和输出，还可分担 CPU 的图形处理工作，如图 1-14 所示。

图 1-13　内存

图 1-14　显卡

- **硬盘**：它是计算机中最大的存储设备，通常用于存放永久性的数据，如图 1-15 所示。

- **光盘驱动器**：光盘驱动器简称光驱，是一种读取光盘存储信息的设备。光盘驱动器存储数据的介质为光盘，其特点是容量大、成本低和保存时间长，图 1-16 所示为现在常用的外置光驱（由于现在的计算机可以通过 USB 闪存盘进行启动和系统安装的操作，光驱几乎被淘汰，市面上也主要以外置光驱为主）。

图 1-15　硬盘

图 1-16　光驱

- **主机电源**：主机电源也称电源供应器，能够通过不同的接口为主板、硬盘和光驱等计算机部件提供所需动力，如图 1-17 所示。
- **机箱**：机箱是安装和放置各种计算机部件的装置，它将主机部件整合在一起，并起到防止损坏的作用，如图 1-18 所示。

图 1-17 主机电源

图 1-18 机箱

知识提示

机箱对于计算机的重要作用

计算机的机箱好坏直接影响主机部件的正常工作。机箱还能屏蔽主机内的电磁辐射，对计算机使用者也能起到一定的保护作用。

1.2.2 显示器

显示器是计算机的主要输出设备，它的作用是将显卡输出的信号（模拟信号或数字信号）以肉眼可见的形式表现出来。目前主要使用的显示器类型是液晶显示器（LCD），如图 1-19 所示。

多学一招

CRT 显示器

CRT 显示器是过去常用的拼阴极射线管的显示器，如图 1-20 所示。这种显示器具有无坏点、色彩还原度高、色度均匀、分辨率模式可调节、响应时间极短等优点。

图 1-19 液晶显示器

图 1-20 CRT 显示器

1.2.3 鼠标和键盘

鼠标是计算机的主要输入设备之一，随着图形操作界面的出现而产生，因为其外形与老鼠类似，所以被称为鼠标。图 1-21 所示为无线鼠标。

键盘是计算机的另一种主要输入设备，是和计算机进行交流的工具，如图 1-22 所示。

图 1-21　鼠标　　　　　　　　　　　　　　　图 1-22　键盘

知识提示

了解无线键鼠

图 1-21 右侧的部件是无线鼠标的信号发射与接收器，无线键盘也有该设备。通过键盘可直接向计算机输入各种字符和命令，从而简化了计算机的操作。即使不用鼠标，只用键盘也能完成计算机的基本操作。

1.2.4　外部设备

外部设备对于计算机来说，属于可选装硬件，也就是说，不安装这些硬件，并不会影响计算机的正常工作。所有的外部设备都是通过主机上的接口（主板或机箱上面的接口）连接到计算机上的，如音箱、声卡、打印机、扫描仪、网卡、耳机、数码摄像头、可移动存储设备等，其中的声卡和网卡也可以直接安装到主机中。

- **音箱**：音箱在计算机的音频设备中的作用类似于显示器，可直接连接到声卡的音频输出接口中，并将声卡传输的音频信号输出为人们可以听到的声音，如图 1-23 所示。
- **声卡**：声卡在计算机的音频设备中的作用类似于显卡，用于处理声音的数字信号并将其输出到音箱或其他的声音输出设备，图 1-24 所示为独立声卡。

图 1-23　音箱

图 1-24　独立声卡

独立声卡和集成声卡

部分计算机中的声卡以芯片的形式集成到了主板中（也被称为集成声卡），具有很好的性能。只有对音效有特殊要求的用户才会购买独立声卡。

● **打印机**：打印机的主要功能是对文字和图像进行打印输出，是计算机的一种输出设备，图 1-25 所示为最常用的彩色喷墨打印机。

● **扫描仪**：扫描仪的主要功能是对文字和图像进行扫描输入，是计算机的一种输入设备，如图 1-26 所示。

图 1-25　打印机

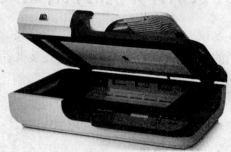

图 1-26　扫描仪

● **网卡**：网卡也称为网络适配器，是网络中最基本的计算机部件之一，其功能是连接计算机和网络，图 1-27 所示为无线网卡。

● **耳机**：耳机是一种将音频输出为声音的计算机外部设备，一般用于个人用户，如图 1-28 所示。

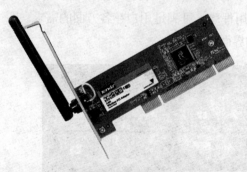

图 1-27　无线网卡

图 1-28　耳机

● **数码摄像头**：数码摄像头是一种常见的计算机外部设备，它的主要功能是为计算机提供实时的视频图像，实现视频信息交流，如图 1-29 所示。

● **可移动存储设备**：可移动存储设备包括移动 USB 闪存盘（简称 U 盘）和移动硬盘，这类设备即插即用，容量也能满足人们的需求，现在已成为计算机必不可少的附属配件，如图 1-30 所示。

图 1-29　数码摄像头　　　　　　图 1-30　可移动存储设备

1.3　认识计算机的软件组成

　　米拉从学习中了解到，作为一名合格的装机人员，不仅要熟悉计算机的硬件，也要对计算机的软件有一定了解，这样才能在装机后根据不同用户的需要来选择和安装软件。

　　软件是在计算机中使用的程序，控制计算机所有硬件工作的程序集合就是软件系统。软件系统的作用主要是管理和维护计算机的正常运行，并充分发挥计算机性能。按功能的不同通常可将软件分为系统软件和应用软件。

1.3.1　系统软件

　　从广义上讲，系统软件包括汇编程序、编译程序、操作系统和数据库管理软件等。通常所说的系统软件就是指操作系统。操作系统的功能是管理计算机的全部硬件和软件，方便用户对计算机进行操作。常见的系统软件又分为 Windows 系列和其他操作系统软件两个类型。

● **Windows 系列**：Microsoft 公司的 Windows 系列系统软件是目前使用最广泛的系统软件。它采用图形化操作界面，支持网络和多媒体，以及多用户和多任务，在支持多种硬件设备的同时，还兼容多种应用程序，可满足用户在各方面的需求。图 1-31 所示为 Windows 10 操作系统软件的界面。

图 1-31　Windows 10 操作系统

● **其他操作系统**：除了使用最广泛的 Windows 系列外，市场上还存在 UNIX、Linux、Mac OS 和 BeOS 等系统软件，它们也有各自不同的应用领域。图 1-32 所示为 Mac OS 操作系统的界面。

图 1-32 Mac OS 操作系统

1.3.2 应用软件

应用软件是指一些具有特定功能的软件，如压缩软件 WinRAR、图像处理软件 Photoshop 等，这些软件能够帮助用户完成特定的任务。通常可以把应用软件分为图 1-33 所示的几种类型，每个大类下面还分有很多小的类别，装机时可以根据用户的需要进行选择。

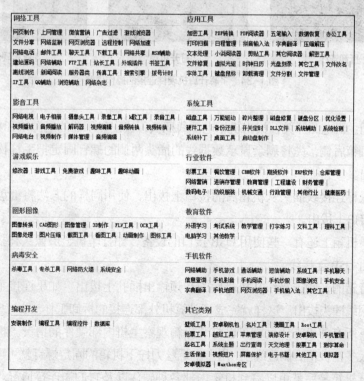

图 1-33 应用软件分类

1.4 项目实训：了解计算机硬件组成及连接

1.4.1 实训目标

本实训目标是通过打开一台计算机的机箱，来了解计算机硬件的组成以及硬件之间的连接情况。

1.4.2 专业背景

组装计算机是每一个喜欢计算机的人都希望学会的一项技能，通常也把这个过程称为 DIY 计算机。DIY 是英文 Do It Yourself 的缩写，又译为自己动手做。DIY 原本是个名词短语，往往被当作形容词使用，意指"自助的"。在 DIY 的概念形成之后，也渐渐兴起一股与其相关的产业，越来越多的人开始思考如何让 DIY 融入生活。DIY 的计算机从一定程度上为用户省却了一些费用，并帮助用户进一步了解计算机的组成。

1.4.3 操作思路

完成本实训需要进行拆卸连线、打开机箱和查看硬件 3 大步操作，其操作思路如图 1-34 所示。

①拆卸连线　　　　　　　②打开机箱　　　　　　　③查看硬件

图 1-34　了解计算机硬件连接的操作思路

【步骤提示】

（1）关闭主机电源开关，拔出机箱电源线插头，拔出显示器的电源线和数据线。

（2）在机箱后侧，先将剩余显示数据线的插头两侧的螺钉固定把手拧松，将插头向外拔出。

（3）将鼠标连接线插头从机箱后的接口上拔出，使用同样的方法将键盘插头从机箱后的接口上拔出。

（4）如果机箱上还有一些使用 USB 接口的设备，如打印机、摄像头和扫描仪等，也要拔出 USB 连接线。

（5）将音箱的音频连接线从机箱后的音频输出插孔上拔出。如果连接了网络，还需要将网线插头拔出。这样就完成了计算机外部连接的拆卸工作。

（6）拔下所有外设连线后就可以打开机箱观察主机内部硬件的情况。机箱盖的固定螺钉大多在机箱后侧边缘上，用十字螺丝刀拧下机箱的固定螺钉就可以取下机箱盖。

（7）打开机箱盖后就可以看到机箱内部各种硬件以及它们的连接情况。在机箱内部的上方，靠近后侧的就是主机电源，它主要通过后面的四颗螺钉固定在机箱上。主机电源分出很多电源线，分别连接到各个硬件的电源接口，为这些硬件供电。

（8）在主机电源对面，机箱驱动器架的上方是光盘驱动器，其后部插着数据线，数据线的另一端连接到主板上。光盘驱动器的另一个接口用于连接从主机电源线中分出来的 4 针电源插头。在机箱驱动器下方通常安装的是硬盘，和光盘驱动器相似，它通过数据线与主板连接，并使用主机电源线中分出来的专用电源插头。

（9）机箱内部最大的硬件就是主板，从外观上看，主板是一块方形的电路板，上面有 CPU、显卡和内存等计算机硬件，以及主机电源线和机箱面板按钮连线等。

1.5 课后练习

本章主要介绍了计算机的一些基础知识，包括常见计算机的类型及其优缺点、计算机中各种硬件和软件等知识。读者应认真学习和掌握本章的内容，为后面选购和组装计算机打下良好的基础。课后练习如下。

（1）首先切断计算机电源，将电脑的机箱侧面板打开；然后了解 CPU、显卡、内存、硬盘及电源等设备的安装位置，观察其中各种线路的连接规律；最后将侧面板重新安装回机箱上。

（2）启动计算机，通过"开始"菜单了解其中所安装的应用软件，试着单击其中的某个软件，观察打开窗口的结构。

（3）列举计算机的主要硬件，并简述其作用。

1.6 技巧提升

1．了解组装计算机需要选购的硬件

组装计算机主要需要选购的硬件有主板、CPU、内存、硬盘、机箱、电源、显示器、鼠标和键盘等。对于显卡、声卡和网卡等设备，除了可以单独选购外，也可以选购自带了显卡、声卡和网卡功能的主板。

2．计算机上网需要哪些硬件设备

如果计算机要连入 Internet，计算机中至少需要一块网卡或自带网卡功能的主板，用来连入网络。一般可以使用电信的 ADSL Modem 拨号上网。除此之外，对于已经安装了宽带的小区，还可以通过小区宽带连入 Internet。

3．认识计算机的基本开机过程

首先将电源插线板的插头插入交流电插座中，将主机电源线插头插入插线板中，用同样的方法插好显示器电源线插头，打开插线板上的电源开关；然后在主机箱后的电源处找到开关，按下为主机通电，找到显示器的电源开关，按下接通电源；最后按下机箱上的电源开关，启动计算机。计算机开始对硬件进行检测，并在显示器中显示检测结果，然后进入操作系统即可对计算机进行各种操作。

4．计算机的各种代表软件

下面介绍计算机常用的代表软件，以便于装机时进行选择。

- **办公软件**：是计算机办公中必不可少的软件之一，用于处理文字、制作电子表格、创建演示文档和表单等，如 Office、WPS、Lotus 等。
- **图形处理软件**：主要用于处理图形和图像，制作各种图画、动画和三维图像等，如 Photoshop、Flash、3ds Max 和 AutoCAD 等。
- **程序编辑软件**：是由专门的软件公司用来编写系统软件和应用软件的计算机语言，如汇编语言、C 语言、BASIC 语言和 Java 等。
- **文件管理软件**：主要用于计算机中各种文件的管理，包括压缩、解压缩、重命名和加解密等，如 WinRAR、拖把更名器和高强度文件夹加密大师等。
- **图文浏览软件**：主要用于浏览计算机和网络中的图片，以及阅读各种电子文档，如 ACDSee、Adobe Reader、超星图书阅览器和 ReadBook 等。
- **翻译与学习软件**：主要用于查阅外文单词的意思，翻译整篇文档，以及学习计算机日常知识，如金山词霸、金山快译和金山打字等。
- **多媒体播放软件**：主要用于播放计算机和网络中的各种多媒体文件，如 Windows 自带的播放软件 Windows Media Player、超级解霸、Real Player 和千千静听等。
- **多媒体处理软件**：主要用于制作和编辑各种多媒体文件，轻松完成家庭录像、结婚庆典，以及产品宣传等后期处理，如绘声绘影、豪杰视频通和 Cool Edit Pro 等。
- **抓图与录屏软件**：主要用于计算机和网络中各种图像的抓取，以及视频的录制，如屏幕抓图软件 SnagIt、屏幕录像软件、屏幕录像专家等。
- **图形图像处理与制作软件**：主要用于编辑与处理照片、图像和计算机中的文字，如 Turbo Photo、Ulead COOL 3D 和 Crystal Button 等。
- **光盘刻录软件**：主要用于将计算机中的重要数据存储到 CD 或 DVD 光盘中，如光盘刻录软件 Nero、光盘映像制作软件 UltraISO 和虚拟光驱软件 Daemon 等。
- **操作系统维护与优化软件**：主要用于处理计算机中的日常问题，提高计算机的性能，如 SiSoftware Sandra、Windows 优化大师、超级兔子魔法设置和 VoptXP 等。
- **磁盘分区软件**：主要用于对计算机中存储数据的硬盘进行分区，如 DOS 分区软件 Fdisk 和 Windows 分区软件 PartitionMagic 等。
- **数据备份与恢复软件**：主要用于对计算机中的数据进行备份，以及操作系统的备份与恢复，如 Norton Ghost、驱动精灵和 FinalData 等。
- **网络通讯软件**：主要用于网络中计算机间的数据交流，如腾讯 QQ 和 Foxmail 等。
- **上传与下载软件**：主要用于将网络中的数据下载到计算机或者将计算机中的数据上传到网络，如 CuteFTP、FlashGet 和迅雷等。
- **病毒防护软件**：主要用于对计算机中的数据进行保护，防止各种恶意破坏，如金山毒霸、360 杀毒和木马克星等。

CHAPTER 2

第 2 章
选购计算机硬件

情景导入

　　米拉的工作几乎每天都会使用计算机，在学习了计算机的硬件组成之后，她发现，计算机的硬件种类繁多，即便是一个硬件，也有很多不同的型号。所以，为了完成组装计算机的任务，她需要到专业的计算机组装店中学习选购计算机硬件的各种知识。

学习目标

● 掌握计算机各种硬件的产品规格。

　　如 CPU 的频率、内核、缓存；主板的类型、芯片、扩展槽；内存的容量、工作频率、通道；硬盘的容量、接口、传输速率等。

● 掌握选购计算机硬件的注意事项。

　　如了解选购各种硬件的原则、硬件的质保期限，以及分辨硬件产品的真伪等。

案例展示

▲ INTER CORE i7-5820K CPU

▲技嘉 GA-X99-Gaming G1 主板

2.1 认识和选购 CPU

计算机的所有工作都由 CPU 进行控制和计算。米拉首先要学习的就是认识和选购 CPU，主要包括 CPU 的产品规格和一些选购注意事项。

2.1.1 CPU 简介

CPU（Central Processing Unit）是中央处理器的简称，它既是计算机的指令中枢，也是系统的最高执行单位。CPU 主要负责指令的执行，作为计算机系统的核心组件，在计算机系统中占有举足轻重的地位，是影响计算机系统运算速度的重要因素。图 2-1 所示为 CPU 的外观。

扫一扫

高清大图

防误插缺口

参数面

防误插标记

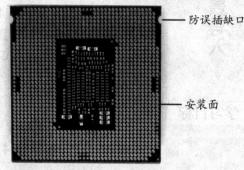

防误插缺口

安装面

图 2-1 CPU 的外观

知识提示

防误插缺口和防误插标记

CPU 的防误插缺口是 CPU 边上的半圆形缺口，防误插标记则是 CPU 一个角上的小三角形标记，它们的功能都是防止在安装 CPU 时，由于方向的错误造成的损坏。

CPU 在计算机系统中就像人的大脑一样，是整个计算机系统的指挥中心。它的主要功能是负责执行系统指令，包括数据存储、逻辑运算、传输和控制、输入 / 输出等操作指令。CPU 的内部分为控制、存储和逻辑三大单元。各个单元分工不同，通过组合并紧密协作，具有强大的数据运算和处理能力。

2.1.2 CPU 的产品规格

CPU 的产品规格直接反映着 CPU 的性能，所以这些指标既是选择 CPU 的理论依据，也是深入学习计算机应用的关键。下面我们对其主要的产品规格进行介绍。

1. 处理器号

处理器号就是 CPU 的生产厂商为其进行的编号和命名。CPU 的生产厂商主要有 Intel、AMD、VIA（威盛）和龙芯（Loongson），市场上主要销售的是 Intel 和 AMD 的产品。

● Intel（英特尔）：该公司是全球最大的半导体芯片制造商，从 1968 年成立至今已有 40 多年的历史。Intel 目前主要有奔腾（Pentium）双核，酷睿（Core）i3、i5 和 i7，凌动等系列的 CPU 产品。图 2-2 所示为 Intel 公司生产的 CPU，其处理器号为 "INTEL®CORE™ i5-3570K"，其中的 "INTEL" 代表公司名称；"CORE i5" 代表 CPU 系列；"3570K" 中，"3" 代表它是该系列 CPU 的第三代产品，"570" 代表 CPU 的处理主频和酷睿超频后的主频高低，也有可能代表 CPU 内部集成的显卡芯片的等级高低，"K" 代表该 CPU 没有锁住倍频。

- **AMD（超威）**：该公司成立于 1969 年，是全球第二大微处理器芯片供应商，多年来 AMD 公司一直是 Intel 公司的强劲对手。AMD 目前主要产品有闪龙（Sempron），速龙（Athlon）和速龙Ⅱ，羿龙（Phenom），APU A4、A6、A8、A10 和 A12 系列，以及推土机（AMD FX）系列等 CPU 产品，图 2-3 所示为 AMD 的 CPU，其处理器号为 "AMD Athlon Ⅱ X4 620"，其中的 "AMD" 代表公司名称；"Athlon Ⅱ" 代表 CPU 系列；"X4" 代表它是 4 核心的产品；"620" 代表 CPU 的型号。

图 2-2 Intel CPU

图 2-3   AMD CPU

常见 CPU 的理论性能对比

　　根据 Intel 和 AMD 的 CPU 的处理器号的命名规则，通常情况下，在同一厂商的处理器号中，后面代表主频的数字越大，频率越高，集成显卡的芯片等级也越高，图 2-4 所示为目前常见的 CPU 默认频率的理论性能对比。

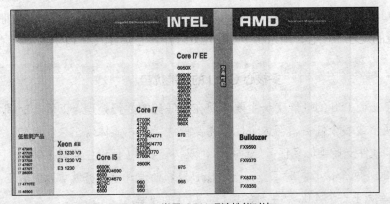

图 2-4 常见 CPU 理论性能对比

2．频率

CPU 频率是指 CPU 的时钟频率，简单地说就是 CPU 运算时的工作频率（1 秒内发生的同步脉冲数）的简称。CPU 的频率代表了 CPU 的实际运算速度，单位有 Hz、kHz、MHz 和 GHz。理论上，CPU 的频率越高，在一个时钟周期内处理的指令数就越多，CPU 的运算速度也就越快，CPU 的性能也就越高。CPU 实际运行的频率与 CPU 的外频和倍频有关，其计算公式为：实际频率＝外频 × 倍频。

- **外频**：外频是 CPU 与主板之间同步运行的速度，即 CPU 的基准频率。外频速度高，CPU 就可以同时接收更多的来自外设的数据，从而使整个系统的运行速度提高。
- **倍频**：倍频是 CPU 运行频率与系统外频之间的差距参数，也称为倍频系数。在相同的外频条件下，倍频越高，CPU 的频率就越高。
- **睿频**：睿频是一种智能提升 CPU 频率的技术，是指当启动一个运行程序后，处理器会自动加速到合适的频率，而原来的运行速度会提升 10%~20% 以保证程序流畅运行。Intel 的睿频技术叫作 TB（Turbo Boost），AMD 的睿频技术叫作 TC（Turbo Core），图 2-5 所示为 Intel CPU 的睿频广告，也可以表明睿频和频率的关系，该 CPU 基本频率为 4.0GHz，但最大睿频率为 4.2GHz。

性能，更高效

您的系统和设备能比以前更智能地工作，因而凭借英特尔® 睿频加速技术提供的按需自动提速使您的工作效率得到空前的提升。

4.2 GHz
i7-6700K最大睿频率

睿频

主频

图 2-5　CPU 睿频

3．内核

内核即 CPU 的核心，是由单晶硅以一定的生产工艺制造出来的。CPU 所有的计算、接受 / 存储命令和处理数据都由内核完成，所以，内核的产品规格会显示 CPU 的性能高低。与 CPU 内核相关的产品规格有以下几种。

- **核心数量**：过去的 CPU 只有一个核心，现在则有 2 个、3 个、4 个、6 个或 8 个核心，这归功于 CPU 多核心技术的发展。多核心是指基于单个半导体的一个 CPU 上拥有多个一样功能的处理器核心，即是将多个物理处理器核心整合入一个内核。

多核心 CPU 的性能优势

多核心 CPU 的性能优势主要体现在多任务的并行处理，即同一时间处理两个或多个任务，但这个优势需要软件优化才能体现出来。例如，如果某软件支持类似多任务处理技术，双核心 CPU（假设主频是 2.0GHz）可以在处理单个任务时，两个核心同时工作，一个核心只须处理一半任务就可以完成工作，这样的效率可以等同于一个 4.0GHz 主频的单核心 CPU 的效率。

- **线程数**：线程是指 CPU 运行中的程序的调度单位，通常所说的多线程是指可通过复制 CPU 上的结构状态，让同一个 CPU 上的多个线程同步执行并共享 CPU 的执行资源，可最大限度提高 CPU 运算部件的利用率。线程数越多，CPU 的性能也就越高。但需要注意的是，线程这个性能指标通常只在 Intel 的 CPU 产品中，如 Intel 酷睿三代 i7 系列的 CPU 基本上都是 8 线程产品。
- **核心代号**：核心代号也可以看成 CPU 的产品代号，即使是同一系列的 CPU，其核心代号也可能不同。比如 Intel 的核心代号就有 Sandy Bridge、Ivy Bridge、Haswell、Broadwell 和 Skylake 等；AMD 的核心代号则有 Richland、Trinity、Zambezi 和 Llano 等。
- **制程工艺**：制程工艺直接关系到 CPU 的电气性能，因为密度越高意味着在同样大小面积的电路板中，可以拥有功能更复杂的电路设计。现在主流 CPU 的制造工艺为 45nm（纳米）、32nm、22nm 和 14nm。
- **热设计功耗**：热设计功耗（Thermal Design Power，TDP）是指 CPU 的最终版本在满负荷（CPU 利用率为理论设计的 100%）可能会达到的最高散热热量。散热器必须保证在 TDP 最大的时候，CPU 的温度仍然在设计范围之内。随着现在多核心技术的发展，同样核心数量下，TDP 越小，性能越好。

知识提示

TDP 值与实际功耗的关系

由于 CPU 的核心电压与核心电流时刻处于变化之中，因而 CPU 的实际功耗（其值：功率 $P =$ 电流 $A \times$ 电压 V）也会不断变化，因此 TDP 值并不等同于 CPU 的实际功耗，更没有算术关系。由于厂商提供的 TDP 数值肯定留有一定的余地，对于具体的 CPU 而言，TDP 应该大于 CPU 的峰值功耗。

4．缓存

缓存是指可进行高速数据交换的存储器，它先于内存与 CPU 进行交换数据，速度极快，所以又被称为高速缓存。与 CPU 相关的缓存一般分为 L1、L2 和 L3。当 CPU 要读取一个数据时，首先从 L1 缓存中查找，没有找到再从 L2 缓存中查找，若还是没有则从 L3 缓存或内存中查找。一般来说，每级缓存的命中率大概都在 80% 左右，也就是说全部数据量的 80% 都可以在一级缓存中找到，由此可见 L1 缓存是整个 CPU 缓存架构中最为重要的部分。

- **L1 缓存（Level 1 Cache）**：L1 缓存也叫一级缓存，位于 CPU 内核的旁边，是与 CPU 结合最为紧密的 CPU 缓存，也是历史上最早出现的 CPU 缓存。由于一级缓存的技术难度和制造成本最高，提高容量所带来的技术难度和成本增加非常大，所带来的性能提升却不明显，性价比很低，因此一级缓存是所有缓存中容量最小的。
- **L2 缓存**：L2 缓存也叫二级缓存，主要用来存放计算机运行时操作系统的指令、程序数据和地址指针等数据。容量越大系统的速度越快，因此 Intel 与 AMD 公司都尽最大可能加大 L2 缓存的容量，并使其与 CPU 在相同频率下工作。
- **L3 缓存**：L3 缓存也叫三级缓存，分为早期的外置和现在的内置。实际作用是可以进一步降低内存延迟，同时提升大数据量计算时处理器的性能。降低内存延迟和提升大数据量计算能力对运行大型场景文件很有帮助。

L1、L2、L3 缓存的性能比较

理论上，3 种缓存对于 CPU 性能的影响是 L1>L2>L3，但由于 L1 缓存的容量在现有技术条件下已经无法增加，所以 L2 和 L3 缓存才是 CPU 性能表现的关键，在 CPU 核心不变化的情况下，增加 L2 或 L3 缓存容量能使 CPU 性能大幅度提高。现在，标准的高速缓存通常是指该 CPU 具有的最高级缓存的容量，如具有 L3 缓存就是 L3 缓存的容量，图 2-6 所示的 8MB 处理器高速缓存是指该款 CPU 的 L3 缓存的容量。

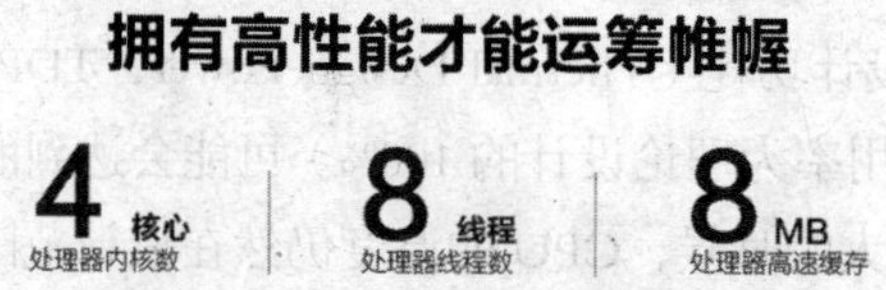

拥有高性能才能运筹帷幄

4 核心
处理器内核数

8 线程
处理器线程数

8 MB
处理器高速缓存

图 2-6　CPU 的高速缓存

5．处理器显卡

处理器显卡（也被称为核心显卡）技术是新一代的智能图形核心技术，它把显示芯片整合在智能 CPU 当中，依托 CPU 强大的运算能力和智能能效调节设计，在更低功耗下实现同样出色的图形处理性能和流畅的应用体验。这种设计上的整合大大缩减了处理核心、图形核心、内存及内存控制器间的数据周转时间，有效提升处理效能并大幅降低芯片组整体功耗，有助于缩小核心组件的尺寸。Intel 的处理器显卡会在安装独立显卡时自动停止工作。如果是 AMD 的 APU，在 Windows 7 及更高版本操作系统中，当安装了适合型号的 AMD 独立显卡，经过设置，可以实现处理器显卡与独立显卡混合使用（即计算机进行自动分工，"小事"让能力小的处理器显卡处理，"大事"让能力大的独立显卡去处理）。目前常见的处理器显卡的性能对比可以在图 2-52 所示的显卡性能对比图中查看。

6．内存控制器和虚拟化技术

内存控制器（Memory Controller）是计算机系统内部控制内存并且通过内存控制器使内存与 CPU 之间交换数据的重要组成部分。内存控制器决定了计算机系统所能使用的最大内存容量、内存 BANK 数、内存类型和速度、内存颗粒数据深度和数据宽度等重要参数，也就是说决定了计算机系统的内存性能，从而也对计算机系统的整体性能产生较大影响。所以，CPU 的产品规格应该包括该 CPU 所支持的内存类型，如图 2-7 所示。

虚拟化有传统的纯软件虚拟化方式（无需 CPU 支持 VT 技术）和硬件辅助虚拟化方式（需 CPU 支持 VT 技术）两种。纯软件虚拟化运行时的开销会造成系统运行速度较慢，所以，支持 VT 技术的 CPU 在基于虚拟化技术的应用中，其效率将会明显比不支持硬件 VT 技术的 CPU 的效率高很多。目前 CPU 产品的虚拟化技术包括 Intel VT-x、Intel VT 和 AMD VT 3 种。

图 2-7　CPU 的内存类型

7．接口类型

CPU 需要通过某个接口与主板连接才能进行工作，经过多年的发展，CPU 采用的接口类型有引脚式、卡式、触点式、针脚式等。而目前 CPU 的接口类型都是针脚式接口，对应到主板上就有相应的插槽类型。CPU 接口类型不同，其插孔数、体积、形状都有变化，所以不能互相接插。目前常见的 CPU 接口类型包括 Intel 的 LGA 2011-v3、LGA 2011、LGA 1151、LGA 1150、LGA 1155 和 AMD 的 Socket AM3+、Socket AM3、Socket FM2+、Socket FM2、Socket FM1。图 2-8 所示为不同接口类型的 CPU。

图 2-8　CPU 的接口类型

2.1.3　选购 CPU 的注意事项

在选购 CPU 时，除了应对比 CPU 的产品规格外，还需要从用途、质保等方面进行综合考虑，同时要识别 CPU 的真伪。

1．选购原则

选购 CPU 时，需要根据购买 CPU 的性价比及用途等因素进行选择。由于 CPU 市场主要是以 Intel 和 AMD 两大厂家为主，而且它们各自生产的产品其性能和价格也不完全相同，因此在选购 CPU 时，可以考虑以下 4 点原则。

- **原则一：** 对于计算机性能要求不高的用户可以选择一些较低端的 CPU 产品，如 Intel 的赛扬双核或奔腾双核系列，AMD 的速龙双核系列。
- **原则二：** 对计算机性能有一定要求的用户可以选择一些中低端的 CPU 产品，如 Intel 的酷睿 i3 系列，AMD 生产的速龙 Ⅱ 和羿龙 Ⅱ 系列等。
- **原则三：** 对于游戏玩家、图形图像设计等对计算机有较高要求的用户应该选择高端的 CPU 产品，如 Intel 生产的酷睿 i5 系列，AMD 生产的 4 核心产品等。
- **原则四：** 对于发烧游戏玩家则应该选择最先进的 CPU 产品，如 Intel 公司生产的酷睿 i7 系列，AMD 公司生产的 6 核心或 8 核心产品，以及推土机 FX 系列。

2．质量保证

只要是在国内购买的盒装正品 CPU，不但提供了原装散热风扇，通常还提供 3 年的质量保证服务。在 3 年的质保期内，Intel 还提供以换代修的服务，但对于一些散装 CPU 或假冒盒装 CPU，只能由销售商提供最多 1 年的质保服务。

3．验证真伪

不同厂商生产的 CPU 的防伪设置是不同的，但基本上大同小异。对于 Intel 生产的 CPU，验证真伪的方式主要有以下 3 点。

- **验证产品序列号：** 正品 CPU 的产品序列号通常打印在包装盒的产品标签上，如图 2-9 所示，该序列号应该与盒内保修卡中的序列号一致。
- **查看封口标签：** 正品 CPU 包装盒的封口标签仅在包装的一侧，标签为透明色，字体为白色，颜色深且清晰，如图 2-10 所示。

图 2-9　产品标签

图 2-10　封口标签

- **通过微信验证：** 通过手机微信查找公众号"英特尔客户支持"或添加微信号 "IntelCustomerSupport"，然后通过自助服务里的"盒装处理器验证"或"扫描验证处理器"，扫描序列号条形码进行验证。

● **通过网站验证**：访问 Intel 的产品验证网站进行验证，网站地址为 http://prcappzone.intel.com/cbt/，如图 2-11 所示。

图 2-11　Intel 产品验证网站

对于 AMD 生产的 CPU，其验证真伪的方式主要有以下 3 点。

● **验证产品序列号**：正品 CPU 的产品序列号通常打印在包装盒的原装封条上，该序列号应该与 CPU 参数面激光刻入的序列号一致，如图 2-12 所示。

图 2-12　验证产品序列号

● **通过电话验证**：通过拨打官方电话（400-898-5643）进行人工验证。

● **通过网站验证**：访问 AMD 的产品验证网站进行验证，网站地址为 http://amdsnv.amd.com/，如图 2-13 所示。

网站验证注意事项

　　通过网站验证 AMD 的 CPU 产品时，最好使用 Windows 操作系统自带的 Internet Explorer 浏览器，使用其他浏览器可能出现网站无法打开或者网页乱码的情况。

图 2-13　AMD 产品验证网站

2.2　认识和选购主板

主板的主要功能是为计算机中其他部件提供插槽和接口，计算机中的所有硬件通过主板直接或间接地组成了一个工作的平台。通过这个平台，用户才能进行计算机的相关操作。

2.2.1　主板简介

主板（MainBorad）也称为"Mother Board（母板）"或"System Board（系统板）"，它是机箱中最重要的一块电路板，图 2-14 所示为技嘉 GA-X99-Gaming G1 WIFI 主板。下面就以该款主板为例，介绍主板的各种芯片、控制开关接口和插槽等元件。

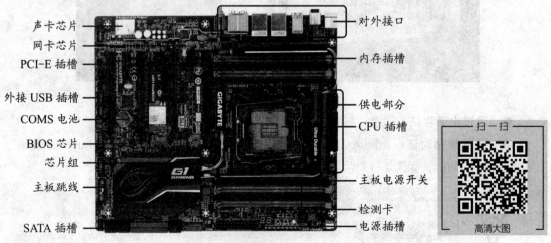

图 2-14　主板的外观

1．芯片

主板上主要的芯片包括 BIOS 芯片和南北桥芯片。

- **BIOS 芯片**：一块矩形的存储器，里面存有与该主板搭配的基本输入 / 输出系统程序，能够让主板识别各种硬件，还可以设置引导系统的设备和调整 CPU 外频等。BIOS 芯片是可以写入的，可方便用户更新 BIOS 的版本，如图 2-15 所示。
- **芯片组**：芯片组（Chipset）是主板的核心组成部分，通常由南桥（South Bridge）芯片和北桥（North Bridge）芯片组成，以北桥芯片为核心。北桥芯片主要负责处理 CPU、内存和显卡三者间的数据交流，南桥芯片则负责硬盘等存储设备和 PCI 总线之间的数据流通。一些高端主板上将南北桥芯片封装到一起形成一个芯片，提高了芯片的能力，图 2-16 所示为封装的芯片组（这里的芯片组拆卸了上面的散热器，图 2-15 中的芯片组则安装了散热器）。

图 2-15　主板上的 BIOS 芯片

图 2-16　芯片组

多学一招

主板上的其他芯片

　　主板上通常还集成了音效和网络，甚至显示等芯片，其作用等同于声卡、网卡和显卡，图 2-17 所示为主板上的音效和网络芯片。

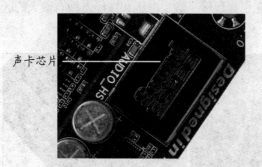

声卡芯片

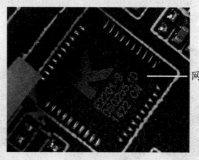

网卡芯片

图 2-17　声卡和网卡芯片

多学一招

CMOS 电池

　　CMOS 电池的主要作用是在计算机关机的时候保持 BIOS 设置不丢失，当电池电力不足的时候，BIOS 里面的设置会自动还原到出厂设置。

2．扩展槽

扩展槽主要为主板上能够进行拔插的配件服务，这部分的配件可以用"插"来安装，用"拔"来反安装。主板上的扩展槽主要有以下几种。

● **CPU 插槽**：用于安装和固定 CPU 的专用扩展槽，根据主板支持的 CPU 不同而不同，主要表现在 CPU 背面各电子元件的不同布局。在安装 CPU 前须将固定罩或固定拉杆打开，将 CPU 放置在 CPU 插座上后，再合上固定罩，并用固定拉杆固定 CPU，然后再安装 CPU 的散热片或散热风扇。图 2-18 所示为两种不同厂商的 CPU 插槽。

图 2-18　CPU 插槽

● **PCI-E 插槽**：PCI-Express 是图形显卡接口技术规范（简称 PCI-E），PCI-E 插槽即显卡插槽，如图 2-19 所示。

● **SATA 插槽**：SATA 插槽又称为串行插槽。SATA 以连续串行的方式传送数据，减少了接口的针脚数目，主要用于连接硬盘等设备，能够在计算机使用过程中进行拔插，如图 2-20 所示。

● **内存插槽**：内存插槽即主板上用来安装内存的地方。由于主板芯片组不同，其支持的内存类型也不同，不同的内存插槽在引脚数量、额定电压和性能方面有很大的区别，如图 2-21 所示。

图 2-19　PCI-E 插槽　　　　图 2-20　SATA 插槽　　　　图 2-21　内存插槽

● **各种电源插槽**：电源插槽的主要功能是提供主板电能供应，通过将电源的供电插座连接到主板上，即可为主板上的设备提供正常运行所需要的电流。主板上的电源插槽主要有主电源插槽、辅助供电插槽和 CPU 风扇供电插槽 3 种，如图 2-22 所示。

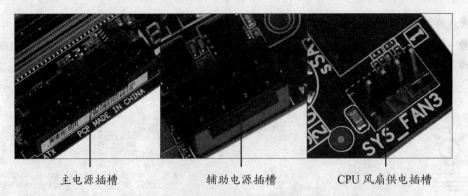

主电源插槽　　　　　　　辅助电源插槽　　　　CPU 风扇供电插槽

图 2-22　各种电源插槽

● **外接 USB 插槽**：外接 USB 插槽主要用途是为机箱上的 USB 接口提供数据连接，如图 2-23 所示。
● **主板跳线**：主板跳线主要用途是为机箱面板的指示灯和按钮提供控制连接，一般是双行插针，一共有 10 组左右，主要有电源开关（PW）、复位开关（RES）、电源指示灯（PWR-LED）、硬盘指示灯（HD）、扬声器（SPEAK）等，如图 2-24 所示。

图 2-23　外接 USB 插槽

图 2-24　主板跳线

3．对外接口

主板的侧面会使用不同的颜色表示不同的对外接口，如图 2-25 所示。

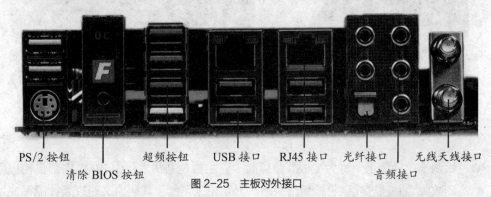

PS/2 按钮　　　　　　超频按钮　　　USB 接口　　　RJ45 接口　　　光纤接口　　　无线天线接口
　　清除 BIOS 按钮　　　　　　　　　　　　　　　　　　　　　　音频接口

图 2-25　主板对外接口

● **PS/2 接口**：PS/2 接口是一个键盘和鼠标通用接口，用于连接键盘或鼠标。
● **USB 接口**：USB 接口是连接外部装置的一个串口标准，在计算机中通过 USB 接口几乎可以连接所有的计算机外部设备。

- **光纤接口**：光纤接口用来连接光纤线缆的物理接口。
- **RJ45 接口**：RJ45 接口即网络接口，俗称的水晶头接口，主要用来连接网线。
- **音频接口**：主板中的音频接口通常只有两个最常用，一个是绿色的音频输出接口，另一个是红色的音频输入接口。

其他外部接口和按钮

超频按钮用于主板和 CPU 的超频；清除 BIOS 按钮用于恢复主板的 BIOS 出厂设置；无线天线接口在连接好无线天线后，可以通过主板预装的无线模块支持 Wi-Fi 和蓝牙，如图 2-26 所示。

图 2-26　主板的无线模块和无线天线

4．其他元件

对于计算机的主板，供电部分也是非常重要的元件。另外，随着主板制作技术的发展，主板上也增加了一些重要的电子元件，如故障检测卡和电源开关等。

- **供电部分**：供电部分主要是指 CPU 供电部分，它是整块主板中最为重要的供电单元，直接关系到系统的稳定运行。供电部分通常在离 CPU 最近的地方，由电容、电感和控制芯片等器件组成，如图 2-27 所示。

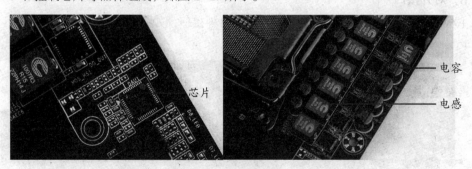

图 2-27　供电部分

- **检测卡**：检测卡全称为主板故障诊断卡，主要是利用主板中 BIOS 内部自检程序检测故障，并通过代码将检测结果一一显示出来，结合代码含义速查表就能很快地知道计算机的故障所在。现在的很多主板上都集成了这种检测卡，如图 2-28 所示。
- **电源开关**：现在很多主板上都设计了一个电源开关，其功能和作用与主机箱面板上的电源开关一致，用于启动计算机，如图 2-29 所示。

图 2-28 检测卡

图 2-29 电源开关

2.2.2 主板的产品规格

主板的产品规格是选购主板时需要认真查看的项目，主要有以下几个方面。

1．物理规格

物理规格是指主板的尺寸和各种电器元件的布局与排列方式，通常也可以称为板型，目前主要有 ATX、M-ATX、E-ATX 和 Mini-ITX4 种。

● **ATX（标准型）**：该板型是目前主流的主板板型，也称大板或标准板，尺寸为 305mm×244mm，特点是插槽较多，扩展性强，价格较高，如图 2-30 所示。

● **M-ATX（紧凑型）**：该板型是 ATX 主板的简化版本，也称小板，如图 2-31 所示，特点是扩展槽较少，PCI 插槽数量在 3 个或 3 个以下，多用于品牌机。

图 2-30 ATX

图 2-31 M-ATX

● **E-ATX（加强型）**：该板型的尺寸为 305mm×330mm，特点是大多支持两个以上的 CPU，多用于高性能的工作站或服务器，如图 2-32 所示。

● **Mini-ITX4（迷你型）**：该板型主要用来支持小空间的、成本相对较低的计算机，如用在汽车、置顶盒和网络设备的计算机中，如图 2-33 所示。

2．芯片组

主板芯片组是衡量主板性能的重要产品规格，包含以下几个方面的内容。

● **芯片组厂商**：目前的芯片组厂商主要是 Intel 和 AMD。

● **芯片组型号**：不同的芯片组性能不同，价格也不同。目前的芯片组型号包括 Intel

的 Z170、B150、H170、H110、C232、X99、Z97、B85、H81、Z87，以及 AMD 的 A88X、A85X、A68H、970、990FX、A78、A58。

图 2-32　E-ATX

图 2-33　Mini-ITX

- **CPU 插槽**：不同的芯片组所支持的 CPU 不同，其对应的 CPU 插槽也不同。下面分别介绍不同的芯片组所支持的 CPU 插槽：Z170（LGA 1151）、B150（LGA 1151）、H170（LGA 1151）、H110（LGA 1151）、C232（LGA 1151）、X99（LGA 2011-V3）、Z97（LGA 1150）、B85（LGA 1150）、H81（LGA 1151、LGA 1150、LGA 1155、LGA 2011-V3）、Z87（LGA 1150）、A88X（Socket FM2+）、A85X（Socket FM2+、Socket FM2）、A68H（Socket FM2+）、970（Socket AM3+）、990FX（Socket AM3+）、A78（Socket FM2+）、A58（Socket FM2+）。

3．内存规格

主内存规格也是主板的主要产品规格之一，包含以下几个方面的内容。

- **最大内存容量**：内存容量越大，处理的数据就越多。
- **内存类型**：现在的内存类型主要有 DDR3 和 DDR4 两种。芯片组不同，所支持的内存类型也不同。
- **内存插槽**：插槽越多，单位内存的安装就越多。
- **内存通道**：通道技术其实是一种内存控制和管理技术，理论上能够使两条同等规格内存所提供的带宽增长一倍。主板如果支持双通道、三通道，甚至是四通道，将大大提高主板的性能。

4．扩展插槽

扩展插槽的数量也能影响主板的性能，包含以下几个方面的内容。

- **PCI-E 插槽**：插槽越多，其支持的模式也就可能不同。目前 PCI-E 的规格包括 x1、x4、x8 和 x16。
- **SATA 插槽**：插槽越多，能够安装的 SATA 设备也就越多。
- **多显卡技术**：主板中并不是显卡越多，显示性能就越好，还需要主板支持多显卡技术。现在的多显卡技术包括 NVIDIA 的多路 SLI 技术和 ATI 的 CrossFire 技术。

5．其他产品规格

另外，还有以下一些主板的产品规格需要注意。

- **对外接口**：对外接口越多，能够连接的外部设备也就越多。
- **电源管理**：主板对电源的管理目的是节约电能，保证计算机的正常工作，具有电源管理功能的主板性能比普通主板更好。
- **BIOS 性能**：现在大多数主板的 BIOS 芯片采用了 Flash ROM，其是否能方便升级、是否具有较好的防病毒功能也是主板的重要性能指标。

知识提示

主板集成显卡和 CPU 内置显示芯片的区别

内置显示芯片就是 CPU 里带的集成显卡，Intel 的酷睿二代和三代智能 CPU 中都内置了显示芯片，称为核心显卡，AMD 的则称为 APU。主板集成的显示芯片就是集成一个显卡模块，然后依靠共享内存来当显存。而现在的 APU 等于是将一块独立显卡内置于 CPU 中，传输速率比集成显示芯片快很多。

2.2.3 选购主板的注意事项

主板的性能关系着整台计算机工作的稳定性，其作用相当重要。因此，对主板的选购绝不能马虎，可按照以下的方法进行选购。

1．考虑用途

选购主板的第一步是考虑用户的用途，同时要注意主板的扩充性和稳定性，如游戏发烧友或图形图像设计人员，需要选择价格较高的高性能主板。如果平常使用计算机主要用于文档编辑、编程设计、上网、打字和看电影等，则可选购性价比较高的中低端主板。

2．注意扩展性

由于不需要主板的升级，所以应把主板的扩展性作为首要考虑的问题。扩展性也就是通常所说的给计算机升级或增加部件，如增加内存、电视卡和更换速度更快的 CPU 等，这就需要主板上有足够多的扩展插槽。

3．对比性能指标

主板的性能指标非常容易获得。选购时可以在同价位下对比不同主板的性能指标，或者在同样的性能指标下对比不同价位的主板，这样就能获得性价比较好的产品。

4．鉴别真伪

现在的假冒电子产品很多，下面介绍一些鉴别假冒主板的方法。

- **芯片组**：正品主板芯片上的标识清晰、整齐、印刷规范，而假冒的主板一般由旧货打磨而成，字体模糊，甚至有歪斜现象。
- **电容**：正品主板为了保证产品质量，一般采用名牌的大容量电容，而假冒主板采用的多是杂牌的小容量电容。
- **产品标示**：主板上的产品标识一般粘贴在 PCI 插槽上，正品主板标识印刷清晰，会有厂商名称的缩写和序列号等，而假冒主板的产品标识印刷非常模糊。
- **输入 / 输出接口**：每个主板都有输入 / 输出（I/O）接口。正品主板接口上一般可看到提供接口的厂商名称，而假冒的主板则没有。

- **布线：**正品主板上的布线都经过专门设计，一般比较均匀、美观，不会出现一个地方密集而另一个地方稀疏的情况，而假冒的主板则布线凌乱。
- **焊接工艺：**正品主板焊接到位，不会有虚焊或焊锡过于饱满的情况，贴片电容是机械化自动焊接的，比较整齐。而假冒的主板则会出现焊接不到位、贴片电容排列不整齐等情况。

5. 选购主流品牌

主板的品牌很多，按照市场上的认可度，通常分为 3 种类别。

- **一类品牌：**主要包括华硕（ASUS）、微星（MSI）和技嘉（GIGABYTE），特点是研发能力强，推出新品速度快，产品线齐全，高端产品过硬，市场认可度较高。
- **二类品牌：**主要包括映泰（BIOSTAR）和梅捷（SOYO）等，特点是在某些方面略逊于一类品牌，但都具备相当的实力，也有各自的特色。
- **三类品牌：**主要包括华擎（ASROCK）和翔升（ASL）等。其中华擎就是华硕主板低端子品牌，特点是有制造能力，在保证稳定运行的前提下尽量降低价格。

2.3 认识和选购内存

内存（Memory）又被称为主存或内存储器，用于暂时存放 CPU 的运算数据与硬盘等外部存储器交换的数据。在计算机工作过程中，CPU 会把需要运算的数据调到内存中进行运算，当运算完成后再将结果传递到各个部件执行。

2.3.1 内存简介

内存主要由内存芯片、散热片和金手指等部分组成，图 2-34 是 DDR4 内存的结构图。

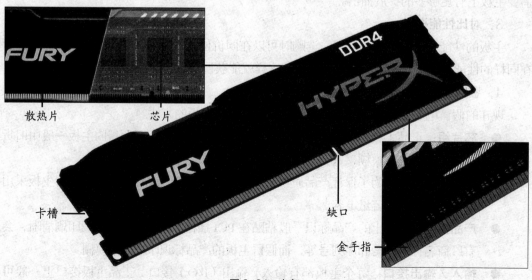

散热片　　　　芯片

卡槽　　　　　　　　　缺口

金手指

图 2-34　内存

- **芯片和散热片**：芯片用来临时存储数据，是内存上最重要的部件；散热片则安装在芯片外面，帮助维持内存工作温度，提高工作性能。
- **金手指**：金手指是内存与主板进行连接的"桥梁"，目前很多 DDR4 内存的金手指采用曲线设计，接触更稳定，拔插更方便。
- **卡槽**：卡槽与主板上内存插槽上的塑料夹角配合，将内存固定在内存插槽中。
- **缺口**：缺口与内存插槽中的防凸起设计配对，防止内存插反。

2.3.2 内存的产品规格

选购内存时，不仅要选择主流类型的内存，还要更深入地了解内存的各种产品规格，因为产品规格通常是反映其性能的重要参数。下面将介绍内存的一些主要产品规格。

1. 类型

内存可按工作原理、工作性能和封装方式进行分类。通常是按工作性能分类，目前主要有 DDR2 内存、DDR3 内存和 DDR4 内存这 3 种类型。

- **DDR2 内存**：DDR 是现在的主流内存规范，各大芯片组厂商的主流产品全部支持 DDR 内存。DDR 全称是 DDR SDRAM（Double Data Rate SDRAM，双倍速率 SDRAM）。DDR2 内存其实是 DDR 内存的第二代产品，该内存能够在 100MHz 的发信频率基础上提供每插脚最少 400MB/s 的带宽，而且其接口运行于 1.8V 电压上，从而进一步降低发热量，以便提高频率，如图 2-35 所示。

扫一扫

高清大图

- **DDR3 内存**：相比 DDR2 内存，DDR3 内存有更低的工作电压，且性能更好，更为省电。DDR3 内存从 DDR2 的 4bit 预读升级为 8bit 预读，用了 0.08 微米制造工艺制造，其核心工作电压从 DDR2 的 1.8V 降至 1.5V，相关数据预测 DDR3 将比 DDR2 节省 30% 的功耗，如图 2-36 所示。

图 2-35　DDR2 内存　　　　　　　　图 2-36　DDR3 内存

- **DDR4 内存**：DDR4 内存是目前较新一代的内存规格，与 DDR3 内存最大的区别有 3 点：第一是 16bit 预取机制（DDR3 为 8bit），同样内核频率下理论速度是 DDR3 的两倍；第二是更可靠的传输规范，数据可靠性进一步提升；第三是工作电压降为 1.2V，更节能。

内存的其他分类方式

按工作原理，内存分为随机存储器（RAM）、只读存储器（ROM）和高速缓存（CACHE）。平常所说的内存通常是指随机存储器，它既可以从中读取数据，也可以写入数据，当计算机电源关闭时，存于其中的数据会丢失；只读存储器的信息只能读出，一般不能写入，即使停电，这些数据也不会丢失，如 BIOS ROM；高速缓存在计算机中通常指 CPU 的缓存。

2．基本参数

内存的基本参数主要指内存的容量和工作频率。

● **容量：** 容量是选购内存时优先考虑的性能指标，因为它代表了内存存储数据的多少，通常以 GB 为单位。单根内存容量越大越好。目前市面上主流的内存容量分为单条（容量为 2GB、4GB、8GB、16GB）和套装（容量为 2×2GB、2×4GB、2×8GB、4×2GB、4×4GB、4×8GB）两种，如图 2-37 所示。

图 2-37　内存套装

● **工作频率：** 工作频率代表了内存所能稳定运行的最大频率，内存的工作频率越高，运行的速度也就越快。DDR2 内存的工作频率为 800MHz 和 1 066MHz；DDR3 内存的工作频率为 1 066MHz、1 333MHz、1 600MHz、1 866MHz、2 000MHz、2 133MHz、2 400MHz、2 666MHz、2 800MHz 以上；DDR4 内存的工作频率目前为 2 133MHz、2 400MHz、2 666MHz、2 800MHz 以上。

3．技术参数

内存的技术参数主要包括以下几个方面。

● **电压：** 内存电压是指内存正常工作所需要的电压值，不同类型的内存，其电压也不同。DDR2 内存的工作电压一般在 1.8V 左右；DDR3 内存的工作电压一般在 1.5V 左右；DDR4 内存的工作电压一般在 1.2V 左右。

● **CL 设置：** CL（CAS Latency，列地址控制器延迟）是指从读命令有效（在时钟上升沿发出）开始，到输出端可提供数据为止的这一段时间。在同等工作频率下，CL 设置低的内存更具有速度优势。

● **多通道：** 多通道内存技术目前包括双通道、三通道、四通道和六通道，可以看作双通道内存技术的后续技术发展。如酷睿 i7 CPU 的三通道内存技术，性能提升几乎可以达到翻倍的效果。

内存超频

　　内存超频就是让内存外频运行在比设定更高的速度下。一般情况下，CPU 外频与内存外频是一致的，所以在提升 CPU 外频进行超频时，也必须相应提升内存外频使之与 CPU 同频工作。内存超频技术目前在很多 DDR4 内存中应用，比如金士顿内存的 PnP 和 XMP 就是目前使用较多的内存自动超频技术。

2.3.3　选购内存的注意事项

　　在选购内存时，除了需要考虑该内存的产品规格外，还需要从其他硬件的支持和辨别真伪等方面进行综合考虑。

1．其他硬件的支持

　　内存的类型很多，不同类型的主板支持不同类型的内存，因此在选购内存时需要考虑主板支持哪种类型的内存。另外，CPU 的支持对内存也很重要，如在组建双通道内存时，一定要选购支持双通道技术的主板和 CPU。

2．辨别真伪

　　用户在选购内存时，需要结合各种方法进行真伪辨别，避免购买到"水货"或者"返修货"，以保障自己的权益。

- **售后**：许多名牌内存都为用户提供一年包换、三年保修的售后服务，有的甚至会提供终生保修的承诺。
- **价格**：在购买内存时，价格也非常重要，建议货比三家，选择价格较便宜的内存。但价格过于低廉时，就应注意其是否打磨过的产品。
- **网上验证**：有的内存可以到其官方网站验证真伪，图 2-38 所示为金士顿内存的验证网页，也可以通过官方微信的方式验证内存真伪。

图 2-38　内存的网上验证

● **外观判断**：一根好的内存不仅做工精细，还应该有防静电和防震等功能的外包装保护措施，图 2-39 所示为正品金士顿内存的一些外部防伪标识。

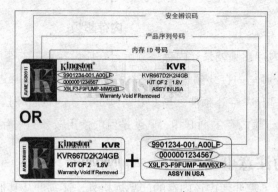

图 2-39　内存外观标识

3．选购主流品牌

品牌对于内存的选购也很重要，主流的内存品牌有金士顿、宇瞻、影驰、芝奇、三星、金邦、金泰克、海盗船、威刚等。

2.4　认识和选购硬盘

硬盘是计算机硬件系统中最重要的外部存储设备，具有存储空间大、数据传输速度较快和安全系数较高等优点。计算机运行所必需的操作系统、应用程序与大量的数据等都可保存在硬盘中。

2.4.1　硬盘简介

硬盘的外形就是一个矩形的盒子，分为内外两个部分。

1．外观

硬盘的外部结构较简单，其正面一般是一张记录了硬盘相关信息的铭牌，背面是硬盘的主控芯片和集成电路，后侧是硬盘的电源线和数据线接口，如图 2-40 所示。

扫一扫

高清大图

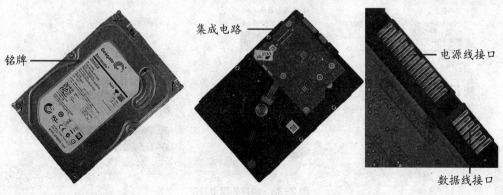

图 2-40　硬盘外观

2．内部结构

硬盘的内部结构比较复杂，主要由主轴电机、盘片、磁头和传动臂等部件组成，如图 2-41 所示。在硬盘中通常将磁性物质附着在盘片上，并将盘片安装在主轴电机上。当硬盘开始工作时，主轴电机将带动盘片一起转动，在盘片表面的磁头将在电路和传动臂的控制下进行移动，并将指定位置的数据读取出来，或将数据存储到指定的位置。

图 2-41 硬盘内部结构

知识提示

硬盘的磁头

硬盘盘片的上、下两面各有一个磁头，磁头与盘片有极其微小的间距。如果磁头碰到了高速旋转的盘片，会破坏盘片中存储的数据，磁头也会损坏。

2.4.2 硬盘的产品规格

了解硬盘的主要产品规格，才能对硬盘有较深刻的认识，从而选购到满意的硬盘。

1．容量

硬盘容量是选购硬盘的主要性能指标之一，包括总容量、单碟容量和盘片数 3 个参数。

● **总容量**：总容量是用于表示硬盘能够存储多少数据的一项重要指标，通常以 GB 为单位，目前主流的硬盘容量从 320GB 到 6TB（1TB=1 024GB）不等。

● **单碟容量**：单碟容量是指每张硬盘盘片的容量。硬盘的盘片数是有限的，单碟容量可以提升硬盘的数据传输速度，其记录密度同数据传输率成正比，因此单碟容量才是硬盘容量最重要的性能参数。目前最大的单碟容量为 1 000GB。

● **盘片数**：硬盘的盘片数一般有 1、2、3 和 4 几种，在相同总容量的条件下，盘片数越少，硬盘的性能越好。

2．接口

目前硬盘的接口的类型主要是 SATA，它是 Serial ATA 的缩写，即串行 ATA。SATA 接口提高了数据传输的可靠性，还具有结构简单、支持热插拔的优点。目前主要使用的 SATA 接口包含 2.0 和 3.0 两种标准接口，SATA 2.0 标准接口的接口速率可达到 300MB/s，SATA 3.0 标准接口的接口速率可达到 600MB/s。

3．传输速率

传输速率也是衡量硬盘性能的重要指标之一，包括缓存和转速两个参数。

- **缓存**：缓存的大小与速度是直接关系到硬盘传输速度的重要因素，当硬盘存取零碎数据时需要不断地在硬盘与内存之间进行数据交换，如果缓存较大，则可以将那些零碎数据暂存在缓存中，减小外系统的负荷，同时提高数据的传输速度。目前主流硬盘的缓存有 8MB、16MB、32MB 和 64MB 4 种。
- **转速**：转速指硬盘内电机主轴的旋转速度，也就是硬盘盘片在 1 分钟内所能完成的最大转数。转速的快慢是衡量硬盘档次和决定硬盘内部传输率的关键因素之一。硬盘的转速越快，硬盘寻找文件的速度也就越快，相对的硬盘的传输速度也就得到了提高。硬盘转速以每分钟多少转来表示，单位为转/分，值越大越好。目前主流硬盘转速有 5 400 转/分、5 900 转/分、7 200 转/分和 10 000 转/分 4 种。

2.4.3 选购硬盘的注意事项

选购硬盘时，除了硬盘的各项产品规格外，还需要了解硬盘是否符合用户的需求，如硬盘的性价比、品牌和售后服务等。

- **性价比**：硬盘的性价比可以通过计算每款产品的"每 GB 的价格"得出衡量值，计算方法为：用产品市场价格除以产品容量得出"每 GB 的价格"，值越低，性价比越高。
- **品牌**：目前常见的硬盘主流品牌有希捷、西部数据、三星和东芝等。
- **售后服务**：硬盘中保存的都是相当重要的数据，因此硬盘的售后服务也就显得特别重要。目前硬盘的质保期多在 2 ~ 3 年，有些甚至长达 5 年。

2.5 认识和选购固态硬盘

固态硬盘在接口的规范和定义、功能及使用方法上与普通硬盘完全相同，在产品外形和尺寸上也与普通硬盘完全一致，如图 2-42 所示。由于其读写速度远远高于普通硬盘，功耗也比普通硬盘低，且比普通硬盘轻便，具有防震抗摔等优点，目前通常作为计算机的系统盘进行选购和安装。

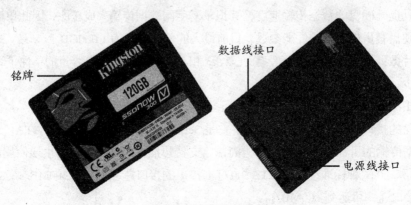

图 2-42　固态硬盘外观

2.5.1 固态硬盘简介

固态硬盘（Solid State Drives，SSD），是用固态电子存储芯片阵列而制成的硬盘，由控制单元（主控芯片）和存储单元（NAND 闪存芯片）、固件算法组成，如图 2-43 所示，与普通硬盘几乎一致。

- **主控芯片**：在 SSD 中，主控芯片是一个小芯片，除了存储部分由闪存芯片负责之外，固态硬盘的功能、规格、工作方式等都是由主控芯片控制的。主控芯片在 SSD 中的作用就和 CPU 一样，一方面负责合理调配数据在各个闪存芯片上的负荷，另一方面承担了整个数据的中转，连接闪存芯片和外部 SATA 接口。除此之外，主控还兼具 ECC 纠错、耗损平衡、坏块映射、读写缓存、垃圾回收以及加密等一系列的功能。
- **NAND 闪存芯片**：SSD 用户的数据全部存储于 NAND 闪存芯片里，它是 SSD 的存储媒介。SSD 成本的 80% 就集中在 NAND 闪存芯片上，它不仅决定了 SSD 的使用寿命，而且对 SSD 的性能影响非常大。

图 2-43　固态硬盘内部结构

- **固件算法**：SSD 的固件是确保 SSD 性能的最重要组件，用于驱动控制器。主控芯片将使用 SSD 中固件算法中的控制程序，去执行各种操作。因此当 SSD 制造商发布一个更新时，需要手动更新固件来改进和扩大 SSD 的功能。

2.5.2 固态硬盘的产品规格

只有了解固态硬盘的主要产品规格，才能对固态硬盘有较深刻的认识，从而选购到满意的固态硬盘。

1. 容量

容量是选购固态硬盘的主要产品规格之一，大小从 12GB 到 1TB 不等。目前超过 1TB 的 SSD 价格都过万元，主流 SSD 容量为 250GB。

2. 接口

目前固态硬盘接口的类型包括 SATA3、M.2（NGFF）、Type-C、SATA3+Type-C、MSATA、PCI-E、SATA2 和 USB3.0，其中最常用的是 SATA3、M.2（NGFF）和 PCI-E。

3. 闪存构架

目前固态硬盘的闪存构架主要有 MLC、TLC、SLC 3 种，NAND 闪存中存储的数据是以电荷的方式存储在每个 NAND 存储单元内的，SLC、MLC 及 TLC 就是存储的位数不同。

MLC 是中高端产品的主流选择。TLC 除了低寿命外，就是低写入速度，但该构架的 SSD 成本较低，是入门级的选择。至于 SLC，目前市面上很少，一是太贵，二是 MLC 的性能足够了。

2.5.3 选购固态硬盘的注意事项

选购固态硬盘时，除了硬盘的各项性能指标外，还需要注意主控芯片、固件算法等的选择。

- **主控芯片**：目前有 Marvell、SandForce、三星（自用）、Intel（自用）、JMicron、Indilinx（已被 OCZ 收购专用）、东芝等生产的主控芯片，最常用的就是 Marvell。
- **固件算法**：有自主研发实力的厂商会自行优化设计，所以挑选固态硬盘时，选择知名品牌是明智的。固件的品质越好，整个 SSD 就越精确、越高效。目前具备独立固件研发的 SSD 厂商仅有 Intel、英睿达、浦科特、OCZ、三星等。
- **4K IOPS 性能**：4K IOPS 性能即每秒输入/输出值，IOPS 越高，表示硬盘读（写）数据越快。可以说，4K 读写的快慢决定了系统的操作体验，选购 SSD 时应参考其 4K 随机读写成绩。
- **主流品牌**：三星是唯一一家拥有主控、闪存、缓存、PCB 板、固件算法一体式开发制造实力的厂商。三星、闪迪、东芝、美光都拥有上游芯片资源，而 Intel 消费级产品较少，性能中庸，但是稳定性很好。

2.6 认识和选购显卡

显卡一般是一块独立的电路板，插在主板上接收由主机发出的控制显示系统工作的指令和显示内容的数字信号，然后通过输出模拟（或数字）信号控制显示器显示各种字符和图形，它和显示器构成了计算机系统的图像显示系统。

2.6.1 显卡简介

显卡主要由显示芯片（GPU）、显存、金手指、显示输出接口等几部分组成，如图 2-44 所示，其主要功能如下。

扫一扫

高清大图

显卡的普通状态　　　　　　　　折卸掉散热器的显卡

图 2-44　显卡外观

- **显示芯片**：显示芯片是显卡上最重要的部分，其主要作用是处理软件指令，让显卡能完成某些特定的绘图功能，它直接决定了显卡的好坏，如图 2-45 所示。由于显示芯片发热量巨大，因此在其上面都会覆盖散热器进行散热。

● **显存**：显存是显卡中用来临时存储显示数据的部件，其容量与存取速度对显卡的整体性能有着举足轻重的影响，而且直接影响显示的分辨率和色彩位数，其容量越大，所能显示的分辨率及色彩位数就越高，如图 2-46 所示。

图 2-45 显示芯片

图 2-46 显存

● **金手指**：金手指是连接显卡和主板的通道。不同结构的金手指代表不同的主板接口，目前主流的显卡金手指为 PCI-Express 接口类型，如图 2-47 所示。

● **VGA 接口**：VGA 接口的外形为 15 针 D 型结构，用于向显示器输出模拟信号，现在较少配备。

● **DVI（Digital Visual Interface）接口**：DVI 接口即数字视频接口，它可将显卡中的数字信号直接传输到 LCD 显示器，从而使显示出来的图像更加真实、自然，如图 2-48 所示。

图 2-47 金手指

图 2-48 DVI 接口

● **HDMI（High Definition Multimedia）接口**：HDMI 接口称为高清晰度多媒体接口，它可以提供高达 5Gbit/s 的数据传输带宽，传送无压缩音频信号及高分辨率视频信号，也是目前使用最多的视频接口，如图 2-49 所示。

● **DP（DisplayPort）接口**：DP 接口是一种高清数字显示接口，可以连接计算机和显示器，也可以连接计算机和家庭影院，它是作为 HDMI 的竞争对手和 DVI 的潜在继任者而被开发出来的。DP 接口问世之初，可提供的带宽就高达 10.8Gbit/s，充足的带宽保证了今后大尺寸显示设备对更高分辨率的需求。目前大多数中高端吸纳卡都配备了 1 个或 1 个以上的 DP 接口，如图 2-50 所示。

图 2-49　HDMI 接口

图 2-50　DP 接口

2.6.2　显卡的产品规格

显卡的性能主要由显存和显示芯片的性能决定，主要包括以下一些产品规格。

1. 显卡核心

显卡核心主要包括芯片厂商、芯片型号、制造工艺和核心频率 4 种参数。

- **制造工艺**：显示芯片的制造工艺与 CPU 一样，也是用来衡量其加工精度的。制造工艺的提高，意味着显示芯片的体积更小、集成度更高、性能更加强大、功耗更低，现在主流芯片的制造工艺已达到了 28nm。
- **核心频率**：它是指显示核心的工作频率。在同样级别的芯片中，核心频率高的则性能要强。但显卡的性能由核心频率、显存、像素管线和像素填充率等多方面的情况所决定，因此在芯片不同的情况下，核心频率高并不代表此显卡性能强。
- **芯片厂商**：显示芯片主要有 NVIDIA 和 AMD 两个主要厂商。
- **芯片型号**：不同的芯片型号，其适用的范围也不同，如图 2-51 所示。图 2-52 所示为目前市面上各种显示芯片（包括 GPU 和主板自带显示芯片）理论上的性能对比。

图 2-51　显卡芯片型号

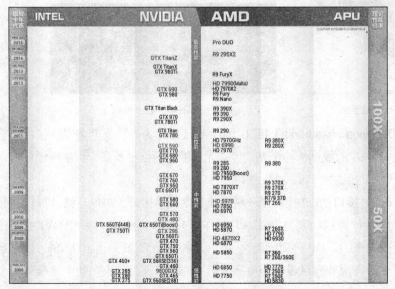

图 2-52　常见显示芯片理论性能对比

2．显存规格

显存规格主要包括显存的频率、容量、类型、位宽和速度等参数。

● **显存频率：**显存频率指默认情况下，该显存在显卡上工作时的频率，以MHz（兆赫兹）为单位。显存频率一定程度上反映了该显存的速度，其随着显存的类型和性能的不同而不同，同样类型下，显存频率越高，性能越强。

● **显存容量：**从理论上讲，显存容量决定了显示芯片处理的数据量，显存容量越大，显卡性能就越好。目前市场上显卡的显存容量从 1GB 到 12GB 不等。

● **显存类型：**现在的主流显存都是 GDDR 类型，从过去的 GDDR1 一直到现在的 GDDR5。GDDR5 的功耗低，性能更高，也可以提供两倍于 GDDR4 的容量，并采用了新的频率架构，拥有更佳的容错性。

● **显存位宽：**通常情况下把显存位宽理解为数据进出通道的大小，在运行频率和显存容量相同的情况下，显存位宽越大，数据的吞吐量就越大，显卡的性能也就越好。目前市场上显卡的显存位宽有 64bit 到 768bit 不等。

3．散热方式

随着显卡核心工作频率与显存工作频率的不断提升，显卡芯片的发热量也在增加，因而显卡都会采用必要的散热方式，所以优秀的散热方式也是选购显卡的重要指标之一。

● **被动式散热：**一般工作频率较低的显卡采用的都是被动式散热，这种散热方式就是在显示芯片上安装一个散热片，不仅可以降低成本，还能减少使用中的噪音。

● **主动式散热：**这种散热方式是在散热片上安装散热风扇，也是显卡的主要散热方式。

● **水冷式散热：**这种散热方式集成了前两种方式的优点，散热效果好，没有噪音，但需要占用较大的机箱空间，且成本较高，如图 2-53 所示。

图 2-53　水冷式散热的显卡

4．物理特性

显卡的物理特性通常指显卡本身的显示技能和先进的显示技术，包括以下几点。

● **3D API：**3D API 指显卡与应用程序的直接接口，目前主要有 DirectX 和 OpenGL 两种。DirectX 目前已经成为游戏的主流，绝大部分主流游戏的开发均基于 DirectX。

● **流处理单元：**流处理单元是全新的全能渲染单元，是新一代的显卡渲染技术指标。同一品牌的显卡中，流处理单元个数越多则处理能力越强。

● **双卡 SLI 和混合交火：**双卡 SLI（Scalable Link Interface，交错互连）技术是一种依

靠多显示芯片并行运作而获得翻倍性能提升的技术，其前提是主板必须支持该技术，如图 2-54 所示。显卡的混合交火指利用主板的集成显卡和独立显卡混合使用，从而提升性能，最高可以提高 50% 左右性能。无论是 NVIDIA 还是 AMD，都可用自己最新的集成显卡和独立显卡进行混合并行使用，出于某些原因，一些集成显卡主板只能和固定的显卡进行混合使用。同时，AMD 部分产品支持不同型号显卡之间进行交火。

● **独立供电**：主板 PCI-E 显卡插槽的最大供电能力大约是 70W，所以当显卡的单卡功耗超过 70W 的，都需要使用主机电源的供电接口来满足显卡的供电需要。通常在需要使用独立供电的显卡电路板上都有一个 6pin 或 8pin 的供电插槽，如图 2-55 所示。

图 2-54　双卡 SLI

图 2-55　8pin 显卡的独立供电插槽

2.6.3　选购显卡的注意事项

选购显卡一定要注意以下几个方面。

● **选料**：如果显卡的选料上乘，做工优良，这块显卡的性能也就较好，但价格相对也较高；如果一款显卡价格低于同档次的其他显卡，那么这块显卡在做工上可能稍次。选购显卡时，一定要注意这些问题。

● **做工**：一款性能优良的显卡，其 PCB 板、线路和各种元件的分布也比较规范，建议尽量选择使用 4 层以上的 PCB 板层数的显卡。

● **布线**：为使显卡能够正常工作，显卡内通常密布着许多电子线路，用户可直观地看到这些线路。正规厂家的显卡布局清晰、整齐，各个线路间都保持了比较固定的距离，各种元件也非常齐全，而低端显卡上则常会出现空白的区域。

● **包装**：一块通过正规渠道进货的新显卡，包装盒上的封条一般是完整的，而且显卡上有中文的产品标记和生产厂商的名称、产品型号和规格等信息。

● **品牌**：大品牌的显卡，做工精良，售后服务也好。定位于低中高不同市场的产品也多，方便用户选购。市场上最受用户关注的主流显卡品牌包括七彩虹、影驰、华硕、丽台、蓝宝石和微星等。

2.7　认识和选购显示器

在认识了显卡后，米拉抱着桌面上的一台显示器开始学习显示器的相关知识。

2.7.1 显示器简介

显示器是计算机输出数据的主要设备，它是一种电光转换工具，LCD（Liquid Crystal Display，液晶显示器）是现在市场上的主流显示器，它具有无辐射危害、屏幕不会闪烁、工作电压低、功耗小、重量轻和体积小等优点，如图 2-56 所示。

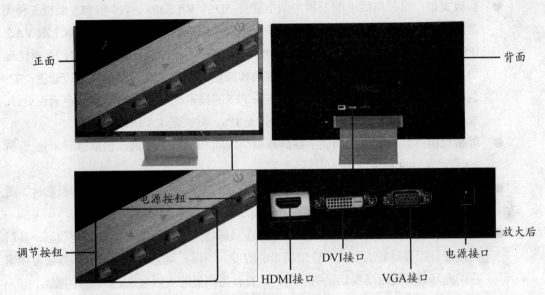

图 2-56　显示器外观

虽然市面上都是 LCD 显示器，但由于其功能或特性的不同，也有各种不同的名称，比如 4K 显示器、3D 显示器和 LED 显示器等。下面介绍一下这些特殊名称的显示器。

- **4K 显示器**：4K（4K Resolution）是一种新兴的数字电影及数字内容的解析度标准，4K 的名称得自其横向解析度约为 4 000 像素，电影行业常见的 4K 分辨率包括 Full Aperture 4K（4 096 像素 ×3 112 像素）、Academy 4K（3 656 像素 ×2 664 像素）等多种标准。4K 显示器通常是指分辨率达到 4K 标准的 LCD 显示器。

- **3D 显示器**：3D（Dimension，维度）是指三维空间，也就是立体空间。3D 显示器也就是能够显示出立体效果的 LCD 显示器。

- **LED 显示器**：LED 其实是一种本背光类型，LED 显示器是由发光二极管组成的显示屏，普通的 LCD 显示器的背光类型为 CCDL。LED 在亮度、功耗、可视角度和刷新速率等方面都更具优势，有机 LED 显示屏的单个元素反应速度是 LCD 屏的 1 000 倍，在强光下也可清楚显现，并且适应 −40℃的低温。现在市面上的 LCD 显示器背光类型几乎都是 LED。

知识提示

CRT 显示器

CRT（Cathode Ray Tube，阴极射线管）显示器是过去主流的显示器，其图像色彩鲜艳，画面逼真，没有延时感，但电磁辐射较强，长时间使用很容易损害用户的眼睛，现在已经很少使用。

2.7.2 显示器的产品规格

LCD 显示器的产品规格主要包括以下几项。

● **显示屏尺寸**：显示屏尺寸包括 20 英寸以下、20~22 英寸、23~26 英寸、27~30 英寸、30 英寸以上等大小。

● **面板类型**：目前市面上的面板类型主要有 ADS、VA、IPS、TN 和 PLS 面板 5 种类型。其中，ADS 面板的优点是可视角度达到了广视角面板的程度，基本上跟 VA、IPS 一样；VA 面板可视角度可达 170°，响应时间被控制在 20ms 以内，而对比度可超过 700:1；IPS 面板具有可视角度大和颜色细腻等优点，看上去比较通透；TN 面板主要应用于入门级和中端级的产品；PLS 的技术比 IPS 更加先进，颜色表现更好，成本更容易控制。总之，现在主流的还是 IPS，其次是 VA 用得比较多。

● **屏幕比例**：屏幕比例是指显示器屏幕画面纵向和横向的比例，包括普屏 4:3、普屏 5:4、宽屏 16:9 和宽屏 16:10 几种类型。

● **对比度**：对比度越高，显示器的显示质量也就越好，特别是玩游戏或观看影片，更高对比度的 LCD 显示器可得到更好的显示效果。

● **动态对比度**：动态对比度指液晶显示器在某些特定情况下测得的对比度数值，其目的是保证明亮场景的亮度和昏暗场景的暗度。所以，动态对比度对于那些需要频繁在明亮场景和昏暗场景切换的应用，具有较为明显的实际意义，比如看电影。

● **分辨率**：显示器分辨率越高越好，高清分辨率为 1 920 像素 ×1 080 像素，标清为 1 280 像素 ×720 像素。

● **亮度**：亮度越高，显示画面的层次就越丰富，显示质量也就越高，单位为 cd/m^2，市面上主流的 LCD 显示器的亮度为 $300cd/m^2$。

● **可视角度**：可视角度指站在位于显示器旁的某个角度时仍可清晰看见影像时的最大角度，主流 LCD 显示器的可视角度都在 160° 以上。

● **灰阶响应时间**：当玩游戏或看电影时，显示器屏幕内容不可能只做最黑与最白之间的切换，而是五颜六色的多彩画面或深浅不同的层次变化，这些都是在做灰阶间的转换。灰阶响应时间短的显示器画面质量更好，尤其是在播放运动图像时。目前的 LCD 显示器的灰阶响应时间应该控制在 6ms 以下。

2.7.3 选购显示器的注意事项

在选购显示器时，除了需要注意其各种产品规格外，还应注意以下几个方面的内容。

● **选购目的**：如果是一般家庭和办公用户，建议购买 LCD，环保无辐射，性价比高；如果是游戏或娱乐用户，可以考虑 LED，颜色鲜艳，视角清晰；如果是图形图像设计用户，最好使用大屏幕 4K 显示器，图像色彩鲜艳，画面逼真。

● **测试坏点**：坏点数是衡量 LCD 液晶面板质量好坏的一个重要标准，而目前的液晶面板生产线技术还不能做到显示屏完全无坏点。检测坏点时，可将显示屏显示全白或全黑的图像，在全白的图像上出现黑点，或在全黑的图像上出现白点，这些都被称为坏点，通常超过 3 个坏点就不能选购了。

- **主流品牌：**常见的显示器主流品牌有三星、AOC（冠捷）、优派和飞利浦等。

选购显示器的技巧

　　在选购显示器的过程中应该买大不买小。在大尺寸产品不断调整售价以适应市场竞争的情况下，16：9比例的大尺寸产品更具有购买价值，是用户选购时最值得关注的显示器规格。

2.8 认识和选购机箱与电源

　　米拉通过实地调查，了解到一个信息，就是计算机的机箱和电源通常是组合在一起的，有些机箱内甚至配置了标准电源，所以很多用户在选购时，通常同时选购这两个硬件。

2.8.1 认识和选购机箱

　　机箱的主要作用是放置和固定各种计算机硬件，起到承托和保护的作用。此外，计算机机箱还具有屏蔽电磁辐射的作用。

1．机箱的结构

　　机箱一般为矩形框架结构，主要用于为主板、各种输入／输出卡、硬盘驱动器、光盘驱动器和电源等部件提供安装支架，图2-57所示为机箱的外观和内部结构。

扫一扫

高清大图

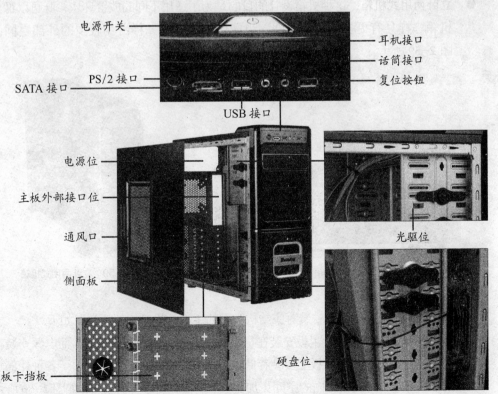

图 2-57　机箱的外观和内部结构

2．机箱的功能

机箱的主要功能是为电脑的核心部件提供保护。如果没有机箱，CPU、主板、内存和显卡等部件就会裸露在空气中，不仅不安全，而且空气中的灰尘会影响其正常工作，甚至会氧化和损坏。机箱的具体功能主要有以下几个方面。

● 机箱面板上有许多指示灯，可使用户更方便地观察系统的运行情况。

● 机箱为 CPU、主板、各种板卡和存储设备及电源提供了放置空间，并通过其内部的支架和螺丝将这些部件固定，形成一个集装型的整体，起到了保护罩的作用。

● 机箱坚实的外壳可以保护其中的设备，不仅能够防压、防冲击和防尘等，还能起到防电磁干扰和防辐射的作用。

● 机箱面板上的开机和重新启动按钮可使用户方便地控制计算机的启动和关闭。

3．机箱的样式

机箱的样式主要有立式、卧式和立卧两用式 3 种，具体介绍如下。

● **立式机箱**：主流计算机的机箱外形大部分都为立式。立式机箱的电源在上方，其散热性比卧式机箱好。立式机箱没有高度限制，理论上可以安装更多的驱动器或硬盘，并使计算机内部设备安装的位置分布更科学。

● **卧式机箱**：这种机箱外型小巧，对于整台计算机外观的一体感也比立式机箱强，占用空间相对较少。随着高清视频播放技术的发展，很多视频娱乐计算机都采用这种机箱，其外面板还具备视频播放能力，非常时尚美观，如图 2-58 所示。

● **立卧两用式机箱**：这种机箱设计的目的是为了适用不同的放置环境，既可以像立式机箱一样具有更多的内部空间，也能像卧式机箱一样占用较少的外部空间，如图 2-59 所示。

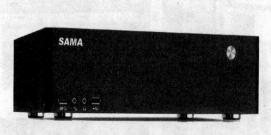

图 2-58　卧式机箱

图 2-59　立卧两用式机箱

4．机箱的结构类型

不同结构类型的机箱中需要安装对应结构类型的主板，机箱的结构类型如下。

● **ATX**：在 ATX 结构中，主板安装在机箱的左上方，并且横向放置；而电源安装在机箱的右上方，在前置面板上安装存储设备，并且在后置面板上预留了各种外部端口的位置，这样可使机箱内的空间更加宽敞、简洁，且有利于散热，如图 2-60 所示。

- **MATX：** MATX 也称 Mini ATX 或 Micro ATX 结构，是 ATX 结构的简化版。其主板尺寸和电源结构更小，生产成本也相对较低。MATX 最多支持 4 个扩充槽，机箱体积较小，扩展性有限，只适合对计算机性能要求不高的用户，如图 2-61 所示。

图 2-60　ATX 机箱

图 2-61　MATX 机箱

- **ITX：** 它代表计算机微型化的发展方向。这种结构的计算机机箱大小只相当于两块显卡的大小。当然，ITX 机箱必须与 ITX 主板配合使用。HTPC 多使用 ITX 机箱，如图 2-62 所示。

知识提示

HTPC

　　HTPC（Home Theater Personal Computer，家庭影院计算机）是以计算机担当信号源和控制的家庭影院，也就是一部预装了各种多媒体解码播放软件，可用来播放各种影音媒体，并具有各种接口，可与多种显示设备，如电视机、投影机等音频数字设备连接使用的个人计算机。

- **RTX：** RTX 是英文 Reversed Technology Extended 的缩写，中文定义可以理解为倒置 38° 设计，主要是通过巧妙的主板倒置，配合电源下置和背部走线系统。这种机箱结构可以提高 CPU 和显卡的热效能，并且解决了以往背线机箱需要超长线材电源的问题，带来了更合理的空间利用率。因此 RTX 有望成为下一代机箱的主流结构类型，如图 2-63 所示。

图 2-62　ITX 机箱

图 2-63　RTX 机箱

5. 机箱的功能

机箱的功能也是其性能指标的重要影响因素，主要包括以下几项。

- **坚固性：** 坚固是机箱最基本的性能指标，只有坚固耐用的机箱在使用中才不会变形，还可保护安装在机箱内的电脑部件避免因受到挤压、碰撞而产生形变。影响坚固性的重要因素就是机箱的材质，好的机箱通常采用全钢制造。

- **散热性：** 安装在机箱内的部件在工作时会产生大量的热量，机箱散热性不好则可能导致这些部件因温度过高而快速老化，甚至损坏。

- **屏蔽性：** 很多计算机部件在工作时会产生大量的电磁辐射，从而对人体的健康形成一定的威胁。具有良好屏蔽性的机箱不仅可将电磁辐射降到最低，还可阻挡外界辐射对计算机部件的干扰。

- **扩展性：** 很多用户可能需要安装两个或两个以上的驱动器（如双硬盘或双光驱），或安装多个扩展卡，这就要求机箱具有良好的扩展性。

6. 选购机箱的注意事项

在选购机箱时，除了要考虑以上提到的性能指标，还需要考虑机箱的做工和用料，以及其他附加功能。

- **做工和用料：** 做工方面首先要查看机箱的边缘是否垂直，这是一个合格的机箱最基本的标准，然后查看机箱的边缘是否采用卷边设计并已经去除毛刺。好的机箱插槽定位准确，箱内还有撑杠，以防止侧面板下沉。用料方面首先要查看机箱的钢板材料，好的机箱采用的是镀锌钢板，然后查看钢板的厚度，现在的主流厚度为 0.6mm，一些优质的机箱会采用 0.8mm 厚度的钢板。机箱的重量在某种程度上决定了其可靠性和屏蔽机箱内外部电磁辐射的能力。

- **其他附加功能：** 为了方便用户使用耳机和 U 盘等设备，许多机箱都在正面的面板上设置了音频插孔和 USB 接口。有的机箱还在面板上添加了液晶显示屏，实时显示机箱内部的温度。如今机箱的附加功能已越来越多，用户在挑选时应根据需要挑选合适且物美价廉的产品。

- **主流品牌：** 主流的机箱品牌有多彩、超频三、金河田、鑫谷、航嘉和先马等。

2.8.2 认识和选购电源

电源（Power）是为计算机提供动力的部件，它通常与机箱一同出售，也可根据用户的需要单独购买。

1. 电源的结构

电源是计算机的心脏，它为计算机工作提供动力。电源的优劣不仅直接影响计算机的工作稳定程度，还与计算机的使用寿命息息相关。使用质量差的电源不仅会出现因供电不足而导致意外死机的现象，甚至可能损伤硬件。另外，质量差的电源还可能引发计算机的其他并发故障。图 2-64 所示为电源的外观结构。

图 2-64　电源外观结构

- **电源接口**：电源接口使用专用的电源线进行连接。需要注意的是，电源线所插入的交流插线板，其接地插孔必须已经接地，否则计算机中的静电将不能有效释放，这可能导致计算机硬件被静电烧坏。

- **SATA 电源插头**：SATA 电源插头是为硬盘提供电能供应的通道。它比 D 型电源插头要窄一些，但安装起来更加方便。

- **24 针主板电源插头**：该插头是提供主板所需电能的通道。在早期，主电源接口是一个 20 针的插头，为了满足 PCI-E 16X 和 DDR2 内存等设备的电能消耗，目前主流的电源主板接口都在原来 20 针插头的基础上增加了一个 4 针的插头。

- **辅助电源插头**：辅助电源插头是为 CPU 提供电能供应的通道，它有 4 针和 8 针两种插头，可以为 CPU 和显卡等硬件提供辅助电源。

2．电源的基本参数

影响电源性能指标的基本参数包括风扇大小和额定功率。

- **风扇大小**：电源的散热方式主要是风扇散热。风扇的大小有 8cm、12cm、13.5cm 和 14cm 4 种。风扇越大，相对的散热效果越好。

- **额定功率**：额定功率指支持计算机正常工作的功率，是电源的输出功率，单位为 W（瓦）。市面上电源的功率从 250~400W 不等，由于计算机的配件较多，需要 300W 以上的电源才能满足需要，现今电源最大的额定功率已达到 800W。根据实际测试，计算机进行不同操作时，其实际功率不同，且电源额定功率越大，反而越省电。

3．电源的产品规格

能够反映电源质量的产品规格主要包括 80PLUS 和 3C 两种。

- **80PLUS**：80PLUS 是民间出资，为改善未来环境与节省能源而建立的一项严格的节能标准，通过 80PLUS 认证的产品，出厂后会带有 80PLUS 的认证标识。其认证按照 20%、50% 和 100% 3 种负载下的产品效率划分等级，分为白牌、铜牌、银牌、金牌和白金电源 5 个标准，白金等级最高，效率也最高。

- **3C**：3C（China Compulsory Certification，中国强制性产品认证）认证包括原来的 CCEE 认证、CEMC 认证和新增加的 CCIB 认证。正品电源都应该通过 3C 认证，并在电源铭牌上进行标注，如图 2-65 所示。

图 2-65 电源的铭牌

CE 认证

具有 CE 认证标志的商品表示其符合安全、卫生、环保和消费者保护等一系列欧洲指令所要达到的要求。

4．电源的保护功能

保护功能也是影响电源性能的重要指标之一，包含以下几项。

- **过压保护**：当输出电压超过额定值时，电源会自动关闭，从而停止输出，防止损坏甚至烧毁计算机部件。
- **过载或过流保护**：防止因输出的电流超过原设计的额定值而使电源损坏。
- **过热保护**：防止电源温度过高导致电源损坏。
- **短路保护**：某些器件可以监测工作电路中的异常情况（比如短路），当发生异常时切断电路并发出报警，从而防止危害进一步扩大。
- **防雷击保护**：这项功能针对雷击电源损害而设计。

5．选购电源的注意事项

选购电源时还需要注意以下两个方面的内容。

- **主流品牌**：市面上主流的电源品牌有航嘉、长城、超频三、鑫谷、金河田和 Tt 等。
- **注意做工**：要判断一款电源做工的好坏，首先，从重量开始，一般高档电源重量比次等电源重；其次，优质电源使用的电源输出线一般较粗，且从电源上的散热孔观察其内部，可看到体积和厚度都较大的金属散热片和各种电子元件，优质的电源用料较多，这些部件排列得也较为紧密。

2.9 认识和选购鼠标与键盘

鼠标和键盘虽然便宜又普通，但这两个硬件的选购也马虎不得。下面分别介绍认识和选购键盘和鼠标的相关知识。

2.9.1 认识和选购鼠标

鼠标对计算机的重要性甚至超过了键盘,因为所有的操作甚至是文本的输入都可以通过鼠标进行。下面介绍鼠标的相关知识。

1.鼠标的外观

鼠标是计算机的两大输入设备之一,因其外形似一只拖着尾巴的老鼠,因此得名鼠标。通过鼠标可完成单击、双击和选定等一系列操作,图 2-66 所示为鼠标的外观。

鼠标右键

鼠标滚轮

鼠标左键

图 2-66 鼠标的外观

2.鼠标的基本参数

影响鼠标性能指标的基本参数包含以下几项。

● **适用类型**:针对不同类型的用户存在不同类型的鼠标,除了标准类型外,还有商务舒适、游戏竞技和个性时尚等类型,图 2-67 所示为带功能键的游戏竞技鼠标。

● **工作方式**:工作方式指鼠标的工作原理,有光电、激光和蓝影 3 种,激光和蓝影从本质上说也属于光电鼠标。光电鼠标是通过红外线来检测鼠标器的位移,将位移信号转换为电脉冲信号,再通过程序的处理和转换来控制屏幕上的光标箭头;激光鼠标是使用激光作为定位的照明光源的鼠标类型,特点是定位更精确,但成本较高;蓝影鼠标是使用普通光电鼠标搭配蓝光二极管照到透明的滚轮上的鼠标类型,蓝影鼠标性能优于普通光电鼠标,但低于激光鼠标。

● **连接方式**:鼠标的连接方式主要有有线、无线和蓝牙 3 种,图 2-68 所示为最常见的无线鼠标。

● **接口类型**:接口类型主要有 PS/2 和 USB 两种类型。

无线信号接受器

图 2-67 游戏竞技鼠标　　　　图 2-68 无线鼠标

3．鼠标的技术参数

影响鼠标性能指标的技术参数包含最高分辨率、光学扫描率、人体工学和微动开关的使用寿命以及按键数 5 个参数。

● **最高分辨率**：鼠标的分辨率越高，在一定距离内定位的定位点也就越多，能更精确地捕捉到用户的微小移动，有利于精准定位；另一方面，cpi（分辨率单位）越高，鼠标在移动相同物理距离的情况下，计算机中指针移动的逻辑距离会越远。目前主流的光电式鼠标的分辨率多为 2 000cpi 左右，最高可达 6 000cpi 以上。

● **光学扫描率**：光学扫描率主要针对光电鼠标，又被称为采样率，是指鼠标的发射口在每一秒钟接收光反射信号并将其转化为数字电信号的次数。光学扫描率是反映鼠标性能高低的决定因素，光学扫描率越高，鼠标的反应速度也就越快。

● **人体工学**：人体工学是指使用工具的方式尽量适合人体的自然形态，在工作时使身体和精神不需要任何主动适应，从而减少因适应使用工具造成的疲劳感。鼠标的人体工学设计主要是造型设计，分为有对称设计和右手设计两种类型。

● **微动开关的使用寿命**：微动开关的作用是将用户按键的操作传输到计算机中，优质鼠标要求每个微动开关的正常寿命都不低于 10 万次的单击且手感适中，不能太软或太硬。劣质鼠标按键不灵敏，会给操作带来诸多不便。

● **按键数**：按键数是指鼠标按键的数量，普通计算机的鼠标至少要有两个按键才能正常使用。现在的按键数已经从两键、三键，发展到了四键甚至八键乃至更多键，按键数越多，所能实现的附加功能和扩展功能也就越多，能自己定义的按键数量也就越多。当然，一般来说，按键数越多的鼠标自然价格也就越高。

4．选购鼠标的注意事项

在选购鼠标时，可先从选择适合自己手感的鼠标入手，然后再考虑鼠标的功能、性能指标和品牌等方面。

● **主流品牌**：现在市面上主流的鼠标品牌有罗技、微软、雷柏和雷蛇等。

● **手感**：鼠标的外形决定了其手感，用户在购买时应亲自试用再做选择。手感的标准包括鼠标表面的舒适度、按键的位置分布以及按键与滚轮的弹性、灵敏度和力度等。对于采用人体工学设计的鼠标，还需要测试鼠标的外形是否利于把握，即是否适合自己的手型。

● **功能**：市面上许多鼠标提供了比一般鼠标更多的按键，帮助用户在手不离开鼠标的情况下处理更多的事情。一般的计算机用户选择普通的鼠标即可，而有特殊需求的用户，如游戏玩家，则可以选择按键较多的多功能鼠标。

2.9.2　认识和选购键盘

键盘的作用主要是输入文本和编辑程序，并通过快捷键加快计算机的操作。下面介绍键盘的相关知识。

1．键盘的外观

键盘是计算机的另一输入设备，主要用于进行文字输入和快捷操作。虽然现在键盘的很多操作都可由鼠标或手写板等设备完成，但在文字输入方面的方便快捷性决定了键盘仍然占有重要地位。

2. 键盘的产品规格

影响键盘的产品规格主要包含以下几项。

扫一扫
高清大图

- **适用类型**：针对不同类型的用户，键盘除了标准类型外，还有多媒体、笔记本、时尚超薄、游戏竞技、机械、工业和多功能等类型，图2-69所示为游戏竞技键盘。
- **防水功能**：水一旦进入键盘内部，就会造成键盘损坏。具有防水功能的键盘，其使用寿命比不防水的键盘更长，图2-70所示为防水键盘。

图2-69　游戏竞技键盘　　　　　　　　　图2-70　防水键盘

- **多媒体功能键**：多媒体功能键主要出现在多媒体键盘上，它在传统键盘的基础上又增加了不少常用快捷键和音量调节装置。只需要按一个特定按键，就可收发电子邮件、打开浏览器软件或启动多媒体播放器，图2-71所示为带功能键的多媒体键盘。
- **人体工学**：人体工学键盘的外观与传统键盘大相径庭，运用流线设计，不仅美观而且实用性强。人体工学键盘显著的特点是在水平方向上沿中心线分成了左右两个部分，并且由前向后呈25°夹角，图2-72所示为人体工学键盘。

图2-71　带功能键的多媒体键盘　　　　　　图2-72　人体工学键盘

- **连接方式**：现在键盘的连接方式主要有有线、无线和蓝牙3种。
- **接口类型**：接口类型主要有PS/2和USB两种类型。

3．选购键盘的注意事项

因每个人的手形、手掌大小均不同，因此在选购键盘时，不仅需要考虑功能、外观和做工等多方面的因素，还应对产品进行试用，从而找到适合自己的产品。

● **主流品牌**：现在主流的键盘品牌有双飞燕、多彩、樱桃、罗技、微软和雷柏等。

● **功能和外观**：虽然键盘上按键的布局基本相同，但各个厂家在设计产品时，一般还会添加一些额外的功能，如多媒体播放按钮和音量调节键等。在外观设计上，优质的键盘布局合理、美观，并会引入人体工学设计，提升产品使用的舒适度。

● **做工**：从做工上看，优质的键盘面板颜色清爽、字迹显眼，键盘背面有产品信息和合格标签。用手敲击各按键时，弹性适中，回键速度快且无阻碍，声音低，键位晃动幅度小。抚摸键盘表面会有类似于磨砂玻璃的质感，且表面和边缘平整、无毛刺。

键鼠套装

市面上的键盘和鼠标套装一般性价较高，由于是同一品牌的产品，因此只需一个无线信号收发器，就能同时使用键盘和鼠标，非常适合家庭和办公用户使用。

2.10 项目实训

本章将设计两个装机方案，并利用网络自定义计算机配置，来帮助大家巩固计算机硬件的相关知识。

2.10.1 设计计算机装机方案

1．实训目标

本实训的目标是根据本章所学的知识，根据 Intel 和 AMD 两个不同的平台，分别设计一套主流的家庭／学生的装机方案，价格控制在 4 000 元左右（通常装机时的主机价格不包括显示器和键鼠，也就是说，这个 4 000 元的装机方案，其计算机主机的价格应该是 3 000 元左右），要求能够完成普通家庭的上网和娱乐需求，并能满足学生安装各种主流软件和游戏的需求。

2．专业背景

组装计算机是每一个计算机高手都拥有的技能，设计一套完美的计算机装机方案则是组装计算机的一个重要步骤。设计方案前，首先多逛各大硬件网站的 DIY 论坛，查看装机高手写的组装攒机帖，以及各个配件的帖子；然后根据需要找到适合的配置，并熟悉各种硬件的相关性能；最后根据需要罗列出最终的产品型号（最好有替补，甚至多个方案），这样才能在组装时有充分的选择空间。

3．操作思路

完成本实训首先需要选择各种硬件，然后罗列方案表格。

- **CPU/GPU/主板选择**：4 000 元的装机市场上，如果单从性能方面考虑的话，CPU 最高可以选择 i7 6700，显卡性能最高为 GTX 950 和 RX 460，主板则是一线大厂的 B150。Intel 平台的装机量依然要远远多于 AMD 平台，无论是哪个平台，都能在该价位段找到性能方面相对较好的选择，比如 Intel 的一线 B150+i5 6500 平台，或 AMD 的 A970K+RX 460 平台。
- **SSD/硬盘/内存选择**：4 000 元的装机市场上，SSD 已经完全占领了市场，如果对存储速度要求不高的话，也可以要求商家换成同价位的机械硬盘产品。在容量上 120 ~ 128GB 大小的固态硬盘占据了 86%，而 240GB 容量只有 14%。内存则以 8GB 为主，DDR4 内存占 80%。在同等条件下，尽量选择一线品牌，比如说三星等。
- **机箱/电源/散热选择**：机箱是主观因素较为明显的物件，有时候只要外观好看，机箱有多厚、兼容性好不好等衡量机箱优劣的重要标准似乎都显得无足轻重了。电源方面，主要以 400W 功率为主，450W 的更好，尽量选择主动式 FPC 设计的电源。散热建议优选大风扇，其他散热方式并不一定比原装风扇好。

表 2-1 和表 2-2 分别为 Intel 和 AMD 两个不同平台的装机方案配置表。价格仅供参考。

表 2-1　Intel 装机方案详细配置表

硬件	品牌型号	数量	单价
CPU	Intel 酷睿 i5 6500	1	¥1 080
散热器	超频三 红海 mini 静音版 HP-825	1	¥39
主板	技嘉 B150M-D2VX-S1	1	¥699
内存	芝奇 DDR4 2133 8G	1	¥305
SSD	闪迪 Z410 120G	1	¥299
显卡	七彩虹网驰 GTX 950-Twin-2GD5	1	¥999
声卡	主板自带		
光驱			
鼠标	雷柏 8200P 无线键鼠套装	1	¥129
键盘			
显示器	三星 S22D300NY	1	¥800
机箱	Tt N21 领航者 黑	1	¥209
电源	Tt TR2-400	1	¥159
		价格总计：	¥4 718

组装计算机人员的职业素养

对于组装和维护人员而言，诚信是非常重要的职业素质，假冒伪劣的计算机硬件产品会对用户的利益产生巨大的损害。用户在组装计算机时，通常会将全部的组装任务交给组装人员，因此组装人员一定要认真鉴定硬件的真伪，并选择优质的进货渠道和优质的硬件产品来满足用户的需求。

表 2-2　AMD 装机方案详细配置表

硬件	品牌型号	数量	单价
CPU	AMD FX8300 八核	1	¥765
散热器	SOPLAY 幻灵 SC-C1207 一体式水冷	1	¥188
主板	七彩虹 C.A970X X5 魔音版	1	¥439
内存	金泰克 DDR3 1600	1	¥109
SSD	金泰克 S500 120G	1	¥245
显卡	蓝宝石 Radeon RX 460 2G D5 白金版 OC	1	¥899
声卡	主板自带		
鼠标	罗技 MK270 键鼠套装	1	¥115
键盘			
显示器	AOC I2269VW	1	¥800
机箱	金河田 超越水冷定制版	1	¥229
电源	大水牛 神牛 500 静音版	1	¥179
		价格总计：	¥3 968

2.10.2　利用网络模拟计算机配置

1．实训目标

本实训的目标是利用中关村在线（http://www.zol.com.cn/）网站中的模拟攒机功能，配置一台计算机，相关硬件使用网络中最热门的产品，最后生成配置单。通过本实训进一步了解选购计算机硬件的相关知识。

微课视频

利用网络模拟计算机配置

2．专业背景

现在有很多专业的计算机硬件网站，可以通过选择不同的计算机硬件，选配符合自己要求的计算机，比如中关村在线、泡泡网等专业的计算机硬件网站，还有一些购物网站也提供了模拟配置计算机的服务，如京东商城。

3．操作思路

完成本实训首先应打开中关村在线的模拟攒机网页，然后选择不同的计算机硬件并生成配置单。其操作思路如图 2-73 所示。

①打开网页　　　　　　　　　　　②选择硬件并生成配置单

图 2-73　网上模拟配置计算机的思路

【步骤提示】

（1）打开中关村在线网站，进入模拟攒机页面。

（2）选择硬件类型，单击对应的按钮，然后选择自己所在的城市，根据自己的需要规定硬件的范围，如品牌、价格区间、系列和产品规格等。

（3）对选择的硬件产品进行排序，这里单击"最热门"按钮，选择需要添加到配置单的硬件，单击"加入配置单"按钮。单击产品对应的名称，可以查看该硬件的所有信息，包括参数、价格等。

（4）单击其他的硬件类型名称，选择对应的产品，完成后即可在右侧生产配置单。

2.11　课后练习

本章主要介绍了 CPU、主板、内存、硬盘、显卡、显示器、机箱、电源、鼠标和键盘等硬件的选购知识。读者应认真学习和掌握本章的内容，为组装操作打下良好的基础。

（1）根据本章所学的知识，到电脑城选购一套组装计算机需要的硬件产品。

（2）上网登录中关村在线的模拟攒机频道（http://zj.zol.com.cn/），查看最新的硬件信息，并根据网上最新的装机方案，为学校机房设计一个装机方案。

2.12　技巧提升

1．CPU 的"位"

在计算机中，数据的处理是以二进制方式进行的，所有数据都是由"0"和"1"两种代码组成。每个 0 或 1 就是一个位，位是数据存储的最小单位，用 bit 来表示。通常把 8 位称为 1 字节（Byte），即 1Byte ＝ 8bit。在同一时间内一次性处理二进制数的位数叫字长。通常称处理字长为 8 位数据的 CPU 为 8 位 CPU，32 位 CPU 就是在同一时间内处理字长为 32 位的二进制数据。同理，64 位的 CPU 就能在单位时间内一次性处理字长为 64 位的二进制数据。

2．如何在有集成显卡的主板上安装独立显卡

如果主板不支持 CrossFire，则需要到 BIOS 中将集成显卡的设置项设为"Disabled"，或用主板的硬跳线将集成显卡屏蔽，这样就能避免两种显卡发生冲突导致故障。

3．主流的装机方式

目前有两种主流的装机方式。一是从网上购买配件。这种方式适合动手能力强的用户，它有三大优势：（1）正品保证（当然价格也是正品价格）；（2）套装购买有优惠，可以搭配出较优惠的价格；（3）可选择的种类更丰富。但由于这种配件是临时组建起来的，完全未进行过兼容性测试，所以在装机过程中，可能会出现意料之外的状况，这需要一定的发现问题、解决问题的能力。二是实体店装机，这种方式简单快捷，比较适合普通用户。

4．网上购买硬件的注意事项

在网上购买硬件，要注意以下几点。

● **型号不完整，差价＝利润**：商家经常会在配置单上把很多本应该详细列出的配置简写，简写的程度也各不一样。消费者会根据这个简写的配置找到很多东西，并总是以为商家给的是最好的，但其实都是最差的。

● **配置太奇葩，清库存＝利润**：计算机中的机箱电源、散热器是容易被商家利用的，比如硬把 i3 装上水冷散热器，将其称为水冷主机，但其实它的好处只是好看而已。而电源也不过是不知名小厂生产出来的中庸制品，这些配置常常会给计算机带来很多的潜在隐患，因此需要特别注意。

● **二手当全新，残次品＝利润**："二手当全新的销售"，这种坑害消费者的情况在卖场十分常见。商家下手的主要领域是板卡领域，很多不良商家会把已经停产的配件硬塞到消费者购买的主机中。

5．选购硬件的技巧

选购硬件有以下一些技巧。

● **货比三家**：不同的商家，同样的硬件，也可能有不同的价格，多对比，才能选出更好的商品。

● **便宜莫贪**：通常硬件的价格都很透明，但有的商家会故意把某几样硬件的价格报得比较低，而偷偷抬高其他硬件的价格，因此选购时注意评估整机价格。

● **尽量找代理**：比如想购买七彩虹的硬件，就尽量找代理这个品牌的专卖店或柜台。很多商家会推荐一些利润高但不出名的品牌。如果用户坚持购买七彩虹，商家就会提出到其他公司调货的建议，增加该产品的价格。

● **机箱电源坚持用品牌**：杂牌电源和机箱可以给商家带来很高的利润，而机箱电源不好是一个很大的隐患，有可能带来一堆问题，所以在资金允许的情况下，最好选用品牌机箱和电源。

CHAPTER 3

第 3 章
选购计算机其他设备

情景导入

　　米拉对计算机的基本硬件已经了解得很清楚了，但公司由于业务需求还需要采购一些外部设备，如打印机、扫描仪等，因此米拉决定继续了解一些与计算机有关联的外部设备的相关知识。

学习目标

- 掌握常见计算机外部设备的选购方法。

  如打印机、扫描仪、摄像头、投影仪的选购方法。

- 掌握常见网络设备的选购方法。

  如网卡、路由器、交换机的选购方法。

案例展示

▲打印机

▲无线路由器

3.1 认识和选购打印机

与计算机相关的办公设备很多，米拉首先学习的是常用的设备——打印机。

打印机是计算机的一种常用输出设备，主要功能是将计算机中的文档和图形文件快速、准确地打印到纸质媒体上，是计算机系统中重要的输出设备之一。

3.1.1 打印机的类型

普通的打印机通常有两种类型，即喷墨打印机和激光打印机。在办公和一些专业领域还有其他的打印机，如针式打印机、热升华打印机、标签打印机、证卡打印机、行式打印机、条码打印机和 3D 打印机。

- **针式打印机**：主要由打印机芯、控制电路和电源 3 部分组成，打印针数为 9 针、24 针或 28 针，又分为通用式、平推票据、存折证卡和微型 4 种类型。针式打印机主要使用在公安、税务、银行、交通、医疗和海关等行业，如图 3-1 所示。

- **喷墨打印机**：是通过喷墨头喷出的墨水实现数据的打印，其墨水滴的密度完全达到了铅字质量。喷墨打印机的主要优点是体积小、操作简单方便、打印噪声低，使用专用纸张时可打出和照片相媲美的图片等，如图 3-2 所示。根据产品的定位，喷墨打印机又分为照片、家用、商用和光墨 4 种类型，其中光墨打印机融合了喷墨和激光的优势技术，是目前最快的桌面打印设备。

- **激光打印机**：是一种利用激光束进行打印的打印机。其优点是彩色打印效果优异、成本低廉和品质优秀，是未来市场的主流，如图 3-3 所示。激光打印机也分为两种类型，即黑白激光打印机和彩色激光打印机。

图 3-1 针式打印机

图 3-2 喷墨打印机

图 3-3 激光打印机

多学一招

如何选择喷墨打印机和激光打印机

家庭或小型企业可以选择喷墨打印机，性价比较高；对于大型企业或对打印要求较高的企业，建议选择价格更高的激光打印机。

- **标签打印机**：标签打印机无须与计算机相连接，自身携带输入键盘或智能触屏，并内置一定的字体、字库和相当数量的标签模板格式，通过机身液晶屏幕可以直接进行标签内容的输入、编辑和排版，并对其打印输出，如图 3-4 所示。

● **证卡打印机**：是用来进行证件打印的打印机类型。日常工作和生活中的各种印有照片的胸卡或证件就是该打印机的产物，如图 3-5 所示。

● **条码打印机**：是一种专用的打印机，以碳带为打印介质（或直接使用热敏纸）完成打印，如图 3-6 所示。

图 3-4　标签打印机　　　　图 3-5　证卡打印机　　　　图 3-6　条码打印机

标签打印机和条码打印机的区别

这两种打印机都是用来打印货物标签的，条码打印机是以打印条码为核心的打印机，而标签打印机则用于打印具有一定规格限定的标签及色带。

● **热升华打印机**：是一种通过热升华技术，利用热能将颜料转印至打印介质上的打印机，其打印效果极好，但由于打印介质的成本较高，没有成为主流打印机类型。证卡打印机其实就是一种热升华打印机，如图 3-7 所示。

● **行式打印机**：是一种专业的击式打印机，主要用于报表、日志等文档的打印，最大的特点就是打印速度快，可以在短时间内完成较大的打印任务，广泛应用于金融、电信等行业，如图 3-8 所示。

● **3D 打印机**：又称三维打印机（3DP），是一种以数字模型文件为基础，运用特殊蜡材、粉末状金属或塑料等可黏合材料，通过打印一层层的粘合材料来制造三维物体的打印机，如图 3-9 所示。它不仅可以"打印"一幢完整的建筑，也可以在航天飞船中给宇航员打印任何形状的物品。

图 3-7　热升华打印机　　　　图 3-8　行式打印机　　　　图 3-9　3D 打印机

3.1.2 打印机的产品指标

打印机的产品指标也是选购打印机的主要参考对象。家用和办公主要以喷墨和激光两种打印机为主，这两种打印机的产品指标如下。

1．共有指标

最常用的激光打印机和喷墨打印机共有的产品指标如下。

● **打印分辨率**：打印分辨率指标是判断打印机输出效果好坏的一个直接依据，也是衡量打印机输出质量的重要参考标准。通常分辨率越高的打印机，打印效果越好。

● **打印速度**：打印速度指标表示打印机每分钟可输出多少页面，通常用 ppm 和 ipm 这两个单位来衡量。这个指标也是越大越好，越大表示打印机的工作效率越高。

● **打印幅面**：正常情况下，打印机可处理的打印幅面包括 A4 和 A3 两种。对于个人家庭用户或者规模较小的办公用户来说，使用 A4 幅面的打印机绰绰有余；对于使用频繁或者需要处理大幅面的办公用户或者单位用户来说，可以使用 A3 幅面的打印机，甚至使用更大的幅面。

● **打印可操作性**：打印可操作性指标对于普通用户来说非常重要，因为在打印过程中经常会涉及如何更换打印耗材、如何让打印机按照指定要求进行工作，以及如何处理打印机出现的各种故障等问题。面对这些可能出现的问题，普通用户必须考虑打印机的可操作性。设置方便、更换耗材步骤简单、遇到问题容易排除的打印机，才是普通大众的选择目标。

● **纸匣容量**：纸匣容量指标表示打印机输出纸盒的容量与输入纸盒的容量，换句话说就是打印机到底支持多少输入、输出纸匣，每个纸匣可容纳多少打印纸张。该指标是打印机纸张处理能力大小的一个评价标准，同时还可间接说明打印机自动化程度的高低。

打印机的纸张处理能力

　　若打印机同时支持多个不同类型的输入、输出纸匣，且打印纸张存储总容量超过 10 000 张，另外还能附加一定数量的标准信封，则说明该打印机的实际纸张处理能力很强。使用这种类型的打印机可在不更换托盘的情况下，支持各种不同尺寸的打印工作，减少更换、填充打印纸张的次数，从而提高打印机的工作效率。

2．激光打印机的特有指标

除了上面共性的打印指标外，激光打印机还有一些自身特有的性能指标。

● **最大输出速度**：该指标表示激光打印机在横向打印普通 A4 纸时的实际打印速度。从实际的打印过程来看，激光打印机在输出英文字符时的最大输出速度要超过输出中文字符的最大输出速度；在横向的最大输出速度要大于在纵向的最大输出速度；在打印单面时的最大输出速度要高于打印双面时的最大输出速度。

- **预热时间**：该指标指打印机从接通电源到加热至正常运行温度时所消耗的时间。通常个人型激光打印机或者普通办公型激光打印机的预热时间都在 30 秒左右。

- **首页输出时间**：该指标指激光打印机输出第一张页面时，从开始接收信息到完成整个输出所需要耗费的时间。一般个人型激光打印机和普通办公型激光打印机的首页输出时间都在 20 秒左右。

- **内置字库**：若激光打印机包含内置字库，那么计算机就可以把所要输出字符的国标编码直接传送给打印机来处理。这一过程需要完成的信息传输量只有很少的几个字节，激光打印机打印信息的速度自然也就增加了。

- **打印负荷**：该指标指打印工作量，这决定了打印机的可靠性。这个指标通常以月为衡量单位，打印负荷多的打印机比负荷少的可靠性要高许多。

- **网络性能**：该指标包括激光打印机在进行网络打印时所能达到的处理速度、在网络上的安装操作方便程度、对其他网络设备的兼容情况，以及网络管理控制功能等。

3. 喷墨打印机的特有指标

喷墨打印机也有自身独特的性能指标，主要表现在以下几个方面。

- **输出效果**：该指标指打印质量，是彩色喷墨打印机在处理不同打印对象时所表现出来的一种效果，这是挑选彩色喷墨打印机最基本也是最重要的标准之一。

- **色彩数目**：该指标是衡量彩色喷墨打印机包含彩色墨盒数多少的一种参考指标，该数目越大，则打印机可以处理的图象色彩更丰富。

- **打印噪音**：和激光打印机相比，喷墨打印机在工作时会发出噪声。该指标的大小通常用分贝来表示，在选择时应尽量挑选指标数目比较小的喷墨打印机。

- **墨盒类型**：墨盒是喷墨打印机最主要的一种消耗品，主要分为分体式墨盒与一体式墨盒。一体式墨盒能手动添加墨水，且能够长期保证质量，不易因为喷头磨损而使输出质量下降，但价格较高；分体式墨盒则不允许操作者随意添加墨水，因此它的重复利用率不太高，价格较为便宜。

3.1.3 选购打印机的注意事项

选购打印机时要理性选购，注意事项如下。

- **明确使用目的**：在购买之前，首先要明确购买打印机的目的。如果家庭用户需要打印照片，那么就选择在彩色打印方面比较出色的产品。如果用于办公或商用，则选择文本打印能力强的产品。

- **综合考虑产品定位**：每一款打印机都有其定位，某些打印机文本打印能力更佳，某些则更偏重于照片的打印。在购买时，需根据用户的需求来选择。

- **售后服务**：售后服务是挑选打印机时必须关注的内容之一。一般而言，打印机销售商会许诺一年的免费维修服务。但打印机体积较大，因此最好要求打印机生产厂商在全国范围内提供免费的上门维修服务。若厂家没有办法或者无力提供上门服务，打印机的维修将变得很麻烦。

- **整机价格：** 价格绝对是选购的重要指标。虽然"一分价钱一分货"是市场经济竞争永恒不变的规则，但是对于许多用户来说，价格指标往往左右着他们的购买欲望。建议尽量不要选择价格太高的产品，因为价格越高，其缩水的程度也将越"厉害"。

打印机的品牌

打印机的品牌也很重要，占据国内市场份额较多的激光打印机品牌主要包括惠普（HP）、爱普生（EPSON）、佳能（CANON）、利盟（LEXMARK）、富士施乐（XEROX）、联想（LENOVO）和方正（FOUNDER）等。

3.2 认识和选购扫描仪

在学习了打印机的相关知识后，米拉又开始学习另一个计算机外部设备——扫描仪。

扫描仪是计算机的外部设备，是一种通过捕获图像并将之转换成计算机可以显示、编辑、储存和输出的数字化输入设备。照片、文本页面、图纸、美术图画、照相底片、菲林软片，甚至纺织品、标牌面板、印制板样品等三维对象都可作为扫描对象。扫描仪还可以提取原始的线条、图形、文字、照片、平面实物并将其转换成可以编辑的文件。

3.2.1 扫描仪的类型

扫描仪的种类繁多。根据扫描仪扫描介质和用途的不同，可将扫描仪分为平板式扫描仪、书刊扫描仪、胶片扫描仪、馈纸式扫描仪和文本仪。除此之外还有便携式扫描仪、扫描笔、高拍仪和 3D 扫描仪。

- **平板式扫描仪：** 这种扫描仪又称为平台式扫描仪或台式扫描仪，诞生于 1984 年，是目前办公用扫描仪的主流产品，如图 3-10 所示。

- **书刊扫描仪：** 这种扫描仪是一种大型的扫描器设备，可以捕获物体的图像，并将之转换成计算机可以显示、编辑、存储和输出的数字化对象，包括书籍、刊物、文本页面、图纸、美术图画、照相底片、菲林软片，甚至纺织品、标牌面板、印制板样品等三维对象都可作为扫描对象，如图 3-11 所示。

- **胶片扫描仪：** 这种扫描仪又称底片扫描仪或接触式扫描仪，其扫描效果是平板扫描仪和透扫扫描仪不能比拟的，主要任务就是扫描各种透明胶片，如图 3-12 所示。

- **馈纸式扫描仪：** 这种扫描仪又称为滚筒式扫描仪。平板式扫描仪价格昂贵，便携式扫描仪扫描宽度小，馈纸式扫描仪则可以满足 A4 幅面文件扫描的需要，如图 3-13 所示。

- **文本仪：** 这种扫描仪可对纸质资料和可视电子文件中的图文元素进行准确提取、智能识别，并可实现文本转化。纸质文件包括办公文件、名片、报纸、杂志、书刊等，文本仪也可以说是只扫描纸张的书刊扫描仪，如图 3-14 所示。

图 3-10　平板式扫描仪　　　　图 3-11　书刊扫描仪　　　　图 3-12　胶片扫描仪

● **便携式扫描仪**：这种扫描仪需要用手推动完成扫描工作，也有个别产品采用电动方式在纸面上移动，称为自动式扫描仪，如图 3-15 所示。

图 3-13　馈纸式扫描仪　　　　图 3-14　文本仪　　　　图 3-15　便携式扫描仪

● **扫描笔**：这种扫描仪外型与一支笔相似，扫描宽度大约与四号汉字相同，使用时贴在纸上一行一行的扫描，主要用于文字识别，如图 3-16 所示。

● **高拍仪**：这种扫描仪能完成一秒钟高速扫描，具有 OCR 文字识别功能，可以将扫描的图片识别转换成可编辑的 Word 文档，还能进行拍照、录像、复印、网络无纸传真、制作电子书、裁边扶正等操作，如图 3-17 所示。

● **3D 扫描仪**：这种扫描仪能对物体进行高速高密度测量，并精确描述被扫描物体的三维结构的一系列坐标数据，当在 3ds Max 软件中输入后可以完整地还原物体的 3D 模型，如图 3-18 所示。

图 3-16　扫描笔　　　　图 3-17　高拍仪　　　　图 3-18　3D 扫描仪

3.2.2 扫描仪的产品规格

家用和办公主要以平板式扫描仪为主，其产品规格如下。

- **分辨率**：分辨率是扫描仪最主要的技术指标，它表示扫描仪对图像细节的扫描能力，决定了扫描仪所记录图像的细致度，其单位为 dpi（dots per inch，点／英寸）。dpi 数值越大，扫描的分辨率越高，扫描图像的品质越好。但注意分辨率的数值是有限度的，目前大多数扫描仪的分辨率在 300 ～ 2 400dpi。
- **色彩深度和灰度值**：较高的色彩深度位数可保证扫描仪保存的图像色彩与实物的真实色彩尽可能一致，且图像色彩会更加丰富。灰度值则是进行灰度扫描时对图像由纯黑到纯白整个色彩区域进行划分的级数，编辑图像时一般都使用 8bit，即 256 级，而主流扫描仪通常为 10bit，最高可达 12bit。
- **感光元件**：感光元件是扫描图像的拾取设备，相当于人的眼睛，其重要性不言而喻。目前扫描仪所使用的感光器件有 3 种：光电倍增管、电荷耦合器件（CCD）和接触式感光器件（CIS 或 LIDE）。采用 CCD 的扫描仪技术经过多年的发展已经比较成熟，是市场上主流扫描仪主要采用的感光元件。市场上能够见到的 1 000 元甚至 1 500 元以下的 600×1 200dpi 扫描仪几乎都采用 CIS 作为感光元件。
- **扫描仪的接口**：扫描仪的接口通常分为 SCSI、EPP 和 USB 3 种。SCSI 接口是传统类型的接口，现在已很少使用；EPP 接口的优势在于安装简便、价格相对低廉，弱点为比 SCSI 接口传输速度稍慢；USB 接口的优点几乎与 EPP 接口一样，但其速度更快，使用更方便（支持热插拔）。一般家庭用户可选购 USB 接口的扫描仪。

3.2.3 选购扫描仪的注意事项

如今扫描仪的价格越来越便宜，不少平板式扫描仪的价格已经跌在 2 000 元以下。下面简单介绍选购平板式扫描仪的注意事项。

- 对大多数的用户来说，平板式扫描仪比较合适，既能简单使用，又能顺利完成大部分任务。
- 手持式扫描仪也有市场。如果经常扫描小文章，那么价格在 1 000 元左右的手持扫描仪也很合适。
- 光学分辨率在 1 200dpi 之上的扫描仪，如果使用分辨率和色彩深度在这个档次的扫描仪扫描，并通过艺术级的照片打印机打印照片，其效果与照相馆制作出的照片几乎没什么区别。
- 传送速度为 USB 2.0 的扫描仪已成为市场的主流，要想使用最适宜的传送速度进行扫描，就必须配套带有 USB 2.0 接口的计算机。
- 对企业用户以及专业扫描用户而言，先进的功能如自动送纸器、光罩、扫描足够大的文件的扫描背（Scanbed）都很重要。大尺寸扫描背对于扫描大型的插图、图表、绘画、商标（如产品包装上的）以及报页的帮助很大。

3.3 认识和选购网卡

虽然很多主板上都自带了网络芯片，但各种有线和无线网卡的使用仍非常普遍，所以米拉还要继续学习选购网卡的相关知识。

3.3.1 网卡简介

网卡又称为网络卡或者网络接口卡，其英文全称为"Network Interface Card"，缩写为NIC。普通网卡主要由网络芯片（用于控制网卡的数据交换，将数据信号进行编码传送和解码接收等）、网线接口和金手指等组成，如图3-19所示。常见的网卡接口是RJ45，用于双绞线的连接。现在很多网卡也采用光纤接口（有SFP和LC两种接口类型），图3-20所示为光纤接口的网卡。网卡的种类有很多，根据不同的标准有不同的分类方法。这里将网卡分为有线网卡和无线网卡两种。

扫一扫

高清大图

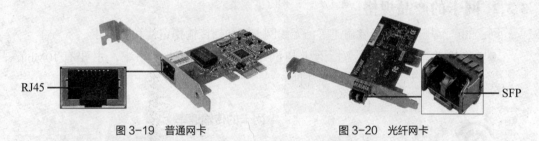

图3-19 普通网卡　　　　　　　　图3-20 光纤网卡

1．有线网卡

有线网卡是指必须将网络连接线连接到网卡中，才能访问网络的网卡，主要包括以下3种类型。

● **集成网卡**：集成网卡就是集成在主板上的网络芯片，它也是现在计算机的主流网卡类型，如图3-21所示。

● **PCI网卡**：PCI网卡接口类型为PCI，分为PCI、PCI-E和PCI-X 3种，图3-19和图3-20所示的两种网卡都是PCI-E网卡，具有价格低廉和工作稳定等优点。

● **USB网卡**：USB网卡的特点是体积小巧，携带方便，可以插在计算机的USB接口中，然后通过连接网线进行使用，非常适合经常出差的用户，如图3-22所示。

图3-21 集成网卡

图3-22 USB网卡

2．无线网卡

无线网卡是在无线局域网的无线网络信号覆盖下，通过无线连接网络进行上网的无线终端设备。目前的无线网卡主要包括以下两种类型。

- **PCI 网卡**：这种无线网卡需要安装在主板的 PCI 插槽中使用，如图 3-23 所示。
- **USB 网卡**：这种无线网卡直接插入计算机的 USB 接口，无须网线，直接上网，如图 3-24 所示。

图3-23　PCI网卡

图3-24　USB网卡

3.3.2　网卡的产品规格

网卡的产品规格主要指传输速率，无线网卡还包括传输稳定性和散热性。

- **传输速率**：传输速率指网卡与网络交换数据的速度频率，主要有 10Mbit/s、100Mbit/s 和 1 000Mbit/s 等几种。

网卡的传输速率

　　10Mbit/s 经换算后实际的传输速率为 1.25MB/s（1Byte=8bit，10Mbit/s =1.25MB/s），100Mbit/s 的实际传输速率为 12.5MB/s，1 000Mbit/s 的实际传输速率为 125MB/s。

- **传输稳定性**：目前全球发射模块被几大厂商所垄断，因此不同产品之间的差距实际上并不大，但选择主流品牌产品才能保证信号传输的稳定性。

3.3.3　选购网卡的注意事项

选择一款性能好的网卡能保证网络稳定、正常地工作。在选择网卡时，需注意以下几个方面的内容。

- **留意网卡的编号**：每块网卡都有一个唯一的物理地址卡号，且网卡的编号是全球唯一的，未经认证或授权的厂家无权生产网卡。
- **查看网卡的做工**：正规厂商生产的网卡做工精良，用料和走线都十分精细，金手指色泽明亮，无晦涩感，很少出现虚焊现象，而且产品中附带相应的精美包装和详细的说明书、驱动软盘、配置光盘，以及方便用户使用的各种配件。
- **注重品牌**：常见的网卡主流品牌有 TP-LINK、D-Link、B-Link、腾达、光润通、Intel、Winyao、飞迈瑞克和 UNICACA 等。
- **其他方面**：除了上面介绍的几个方面外，在选购网卡时还应注意其是否支持自动网络唤醒功能和远程启动等。

3.4 认识和选购路由器

路由器是连接因特网中各局域网和广域网的设备。路由器依据网络层信息将数据包从一个网络转发到另一个网络，它决定了网络通信能够通过的最佳路径。

3.4.1 路由器简介

路由器的主要工作就是为经过路由器的每个数据帧寻找一条最佳传输路径，并将该数据有效地传送到目的站点，通俗地说，就是通过路由器将连接到其中的ADSL和计算机连接起来，实现计算机联网的目的。路由器的外部最重要的部分就是接口，如图 3-25 所示。

- **WAN 口：** WAN 是英文 Wide Area Network 的缩写，即广域网，主要用于连接外部网络，如 ADSL、DDN、以太网等各种接入线路。
- **LAN 口：** LAN 是 Local Area Network 的缩写，即本地网（或局域网），用来连接内部网络，主要与局域网络中的交换机、集线器或计算机相连。

图 3-25　路由器的接口

现在使用较多的是宽带路由器，它伴随着宽带的普及应运而生。宽带路由器在一个紧凑的"箱子"中集成了路由器、防火墙、带宽控制和管理等功能，集成 10/100Mbit/s 宽带的以太网 WAN 接口，并内置多口 10/100Mbit/s 自适应交换机，方便多台机器连接内部网络与 Internet，可广泛应用于家庭、学校、办公室、网吧、小区、政府和企业等场所。现在多数路由器都具备有线接口和无线天线，可以通过路由器建立无线网络连接到 Internet。

3.4.2 路由器的产品规格

路由器的产品规格主要体现在标准、品质、接口数量和传输速度等方面。

- **标准：** 该指标主要针对无线路由器，选购时必须考虑产品支持的 WLAN 标准是 IEEE 802.11ac 还是 IEEE 802.11n 等。
- **品质：** 在衡量一款路由器的品质时，可先考虑品牌。名牌产品拥有更高的品质，并拥有完善的售后服务和技术支持，还可获得相关认证和监管机构的测试等。
- **接口数量：** LAN 口数量只要能够满足需求即可，家庭计算机的数量不可能太多，一般选择 4 个 LAN 口的路由器，且家庭宽带用户和小型企业用户只需要一个 WAN 口。
- **传输速度：** 信息的传输速度往往是用户最关心的问题。目前，吉比特交换路由器一般在大型企业中使用，家庭或小型企业用户选择 150Mbit/s 以上即可。

3.4.3 选购路由器的注意事项

路由器是整个网络与外界的通信出口，也是联系内部子网的桥梁。在网络组建的过程中，路由器的选择极为重要。下面介绍在选择路由器时需要考虑的因素。

- **处理器性能**：处理器性能的好坏直接影响路由器的性能。一般来说，处理器主频在100MHz 或以下的属于较低主频，这样的路由器适合普通家庭或 SOHO 用户使用。200MHz 或以上属于较高主频，适合网吧、中小企业用户以及大型企业的分支机构使用。
- **控制软件**：控制软件是路由器发挥功能的一个关键环节。软件安装、参数设置及调试越方便，用户就越容易使用。
- **网络扩展能力**：网络扩展能力是网络在设计和建设过程中必须要考虑的事项。扩展能力的大小取决于路由器支持的扩展槽数目或者扩展端口数目。
- **带电拔插**：在计算机网络管理过程中进行安装、调试、检修和维护或者扩展网络的操作时，免不了要在网络中增减设备，也就是说可能会要插拔网络部件。因此路由器能否支持带电插拔，也是一个非常重要的选购条件。

3.5 认识其他常用的硬件设备

在日常工作和生活中，还有一些经常与计算机连接的硬件设备，比如摄像头、交换机和投影仪。下面简单认识一下这些硬件。

3.5.1 认识摄像头

摄像头作为一种视频输入设备，被广泛运用于视频会议、远程医疗和实时监控等方面。普通人也可通过摄像头在网络中进行有影像。有声音的交谈和沟通。
目前常用的摄像头都是 USB 接口的数字摄像头，如图 3-26 所示。

图 3-26 数字摄像头

- **感光器**：感光器分为 CCD 和 CMOS 两种，CCD 成像水平和质量要高于 CMOS，但价格也要高一些。常见的摄像头多用价格相对低廉的 CMOS 作为感光器。
- **像素**：像素值是区分摄像头好坏的重要因素，市面主流摄像头产品多在 30 万像素左右。在大像素的支持下，摄像头工作时可布满全屏（640 像素 ×480 像素）。
- **镜头**：摄像头的镜头一般是由玻璃镜片或者塑料镜片组成，玻璃镜片比塑料镜片成本贵，但在透光性以及成像质量上都有较大优势。

3.5.2 认识交换机

交换机是一种能将计算机连接起来的高速数据交流设备。它在计算机网络中的作用相当于一个信息中转站，所有需在网络中传播的信息，会在交换机中被指定到下一个传播端口，如图 3-27 所示。

图 3-27　交换机

- **缓存**：缓存用于暂时存储交换机中等待转发的数据。通常只有容量较大的缓存才能提供更佳的整体性能，也就是说，缓存越大，交换机的性能越好。
- **背板带宽**：背板带宽指交换机接口处理器或接口卡和数据总线间所能吞吐的最大数据量，所有端口间的通信都要通过背板完成。背板带宽越大，能够为各通信端口提供的可用带宽就越大，数据交换速度也越快，所以背板带宽也会影响交换机的传输速度。
- **转发速度**：转发速度是交换机一个非常重要的参数，通常以每秒能够处理的数据包数量来表示。它从根本上决定了交换机的传输速度，其值越大，交换机的性能就越好。

3.5.3　认识投影仪

投影仪是一种可以将图像或视频投射到幕布上的设备，可以通过不同的接口同计算机和摄像机等相连接并播放相应的视频信号。投影仪广泛应用于家庭、办公室、学校和娱乐场所，如图 3-28 所示。

图 3-28　投影仪

- **亮度**：亮度是投影仪输出到屏幕上的光的强度，高亮度可以使投影仪投射的图像清晰、亮丽，不过亮度越高价格越贵。家用投影仪亮度（光通量）一般都在 500 ～ 1 000 流明之间。
- **分辨率**：投影仪的画面质量以分辨率为标准，分辨率越高的投影仪价格也越贵。物理分辨率为 SVGA 的投影仪已经能满足家庭的需要。但如果经济条件允许，最好购买物理分辨率为 XGA 标准的投影仪，它显示的效果更清晰、亮丽。
- **耗材**：灯泡是投影仪的唯一耗材，它的寿命直接关系到投影仪的使用成本。常见投影仪灯泡有 UHE 和 UHP 两种，UHE 价格便宜，但寿命较短，主要用于中档投影仪上；而 UHP 的使用寿命长达 4 000 小时以上，亮度衰减很小，但是价格也较贵。
- **售后服务**：不同品牌投影仪的灯泡一般是不能互换使用的，因此购买投影仪时应选择和购买知名品牌的投影仪，保证商品的售后服务。

3.6 项目实训：安装打印机

3.6.1 实训目标

该实训的目标是将一台喷墨打印机连接到一台计算机，并安装打印机的驱动程序。安装打印机的前后对比效果如图 3-29 所示。

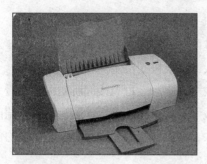

图 3-29　打印机安装前后对比效果

3.6.2 专业背景

办公自动化（Office Automation，OA）是将现代化办公和计算机以及网络功能结合起来的一种新型办公方式。办公自动化没有统一的定义，凡是在传统的办公室中采用各种新技术、新机器、新设备从事办公业务，都属于办公自动化。

在办公自动化的过程中，计算机是主要工具，而打印机、扫描仪、摄像头和网络设备等外部设备起到了重要的辅助作用，特别是打印机，作为重要的输出设备，在现代办公中几乎必不可少。

3.6.3 操作思路

完成本实训主要包括安装电源线、墨盒，连接打印机的数据线缆，安装打印机驱动程序 3 个步骤的操作，其操作思路如图 3-30 所示。

①安装电源线和墨盒　　　　②连接数据线缆　　　　③安装驱动程序

图 3-30　安装打印机的操作思路

【步骤提示】

（1）将电源线的"D"型头插入打印机的电源插口中，另一端插入电源插座插口（有些打印机的电源需要连接到一个适配器中，适配器其实就是一个变压器，把高电压转换成低电压使用）。

（2）首先保证打印机通电，并且打印机处于开启状态，掀开上进纸挡板，把墨盒车盖打开，把墨盒的封装条撕掉。然后把墨盒装入墨盒车中，并盖上墨盒车盖。

（3）接下来连接打印线，现在的打印机均采用 USB 数据线（当然也有使用并口线和 USB 双接口的打印机），方头一端用于连接打印机，扁头一端用于连接计算机。

（4）计算机中弹出"找到新的硬件向导"对话框，提示需要驱动程序，关掉该对话框。

（5）取出打印机驱动安装盘，放入光驱中，计算机将自动启动驱动安装程序，按照提示一步一步完成驱动安装即可。

3.7　课后练习

本章主要介绍了打印机、扫描仪、网卡、路由器、摄像头等外部设备的相关知识。通过学习读者可以对这些外部设备的类型和主要性能有一个比较深刻的认识，并能学习到一些选购的基本技巧。

（1）按照前面学习的相关知识，将一台打印机连接到计算机。

（2）按照前面学习的相关知识，将一个摄像头连接到计算机。

（3）试着按照本章所学知识，分别拟定两套家庭和小型企业的硬件采购方案，主要包括打印机、扫描仪、无线网卡和路由器。

3.8　技巧提升

1．了解移动存储设备

移动存储设备在现在的办公中也使用较多，主要包括 U 盘和移动硬盘，用于重要数据的保存和转移。但随着数码设备的普及，很多数码设备内部的存储卡也具备了移动存储设备的特点和功能，这里我们也把它们归入移动存储设备。移动存储设备具有几乎相同的性能指标，即容量、速度和安全性，这 3 点也是用户选购时考虑最多的因素。

● **容量**：U 盘的容量最低都应以 GB 作为单位，16GB 是目前主流的容量；移动硬盘和普通硬盘差不多，目前 500GB 容量应该是标准配置。

● **速度**：移动硬盘和 U 盘都使用 USB 接口，在 USB3.0 标准下，传输速度相差不大。

● **安全性**：对于 U 盘来说，理论上可正常擦写 100 万次。但由于 Flash 芯片的材质影响了它的品质，材质不好的 U 盘在使用了一段时间后可能会产生容量变小的情况，这种变化会造成用户数据的丢失，给用户带来极大的损失。

2．了解 ADSL Modem

Modem 就是调制解调器，通常安装在计算机和电话系统之间，使一台计算机能够通过电话线与另一台计算机进行信息交换。ADSL 调制解调器是一种专为 ADSL（非对称用户数字环路）提供调制数据和解调数据的调制解调器，也是目前最为常见的一种调制解调器。

通常的 ADSL 调制解调器有一个电话口（Line-In）和多个网络口（LAN）。电话口接入 Internet，网络口则接入计算机网卡或其他网络设备（如路由器）。

3．如何选购家用投影仪

选购家用投影仪应该注意以下几点。

- **投影技术**：LCD 和 DLP 是当前的主流投影技术。整体来看，在目前高端家用投影市场，DLP 产品和相同价位的 3LCD 产品是难分轩轾的；而在中端家用投影市场，3LCD 借助成本优势和色彩表现赢得了大部分用户的关注。
- **显示比例**：目前最普遍的显示比例有 4∶3 和 16∶9 两种，即视频显示画面的宽高比例。对家用投影仪来说，16∶9 显示比例是最好的选择，更符合家庭影院的需要。
- **分辨率**：家用投影主要用来播放视频，所以它的分辨率必须满足各种视频源的要求。当前我们使用最多的片源可能就是 DVD 和 HDTV。目前 HDTV 主要有 1280×720 分辨率的 720P、1920×1080 分辨率的 1080i 和 1920×1080 分辨率的 1080P 三种格式。由于 1920×1080 分辨率的产品成本过高，因此在相当长一段时期内 720P 会是主流的 HDTV 规格。
- **接口**：家用投影仪的视频信号来源决定了它必须有丰富的接口，色差是必不可少的接口，连接计算机的 DVI 接口和高清 HDMI 接口也最好具备。

4．如何选购商用投影仪

选购商用投影仪应该注意以下几点。

- **投影技术**：从长期投入来看，建议商业用户选择 DLP 技术的投影仪。DLP 产品的损耗周期比 LCD 产品更长，这意味着后期企业将承担的成本会更低。
- **灯泡寿命**：市面上大多数的投影仪灯泡寿命只有 2 000~3 000 小时，需要定期更换，而每次更换的成本高达上千元，价格不菲，因此应该选择灯泡寿命更长的产品。
- **亮度**：商务环境复杂多变，投影仪不仅会在小型、昏暗的会议室使用，还可能在光线很亮、空间很大的报告厅使用。如果亮度不够，将大大限制投影仪的使用环境，造成极大的浪费。
- **便携性**：如果应用环境不需要吊装，那么选择的时候要特别考虑机身重量，以便能适应桌面应用和移动办公的需要。一般来说，机身重量建议控制在 3 千克以内。

5．路由器的各个接口是如何连接的

路由器的电源接口接入路由器电源，路由器的 WAN 口接入 ADSL Modem 的 LAN 口，路由器的 LAN 口接入计算机的 RJ45 接口。

6．交换机的各个接口是如何连接的

通俗地说，交换机可以称为更多接口的路由器，它的 LAN 口比路由器多很多，其各种接口的连接与路由器完全一致。

CHAPTER 4

第4章
组装计算机

    米拉已经充分了解了计算机的各种硬件，并将主要的硬件购买完毕，接下来就要开始一项非常重要的工作——将这些散件组装成一台完整的计算机。

学习目标

● 掌握组装计算机的主要准备工作。

    如认识组装与维护计算机的各种工具，熟悉组装计算机的常见流程，了解组装计算机的主要注意事项等。

● 掌握组装与拆卸计算机的操作方法。

    如安装计算机内部硬件，连接计算机内部线缆，连接计算机外部设备等。

案例展示

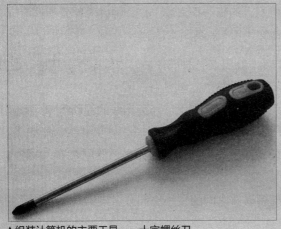

▲组装计算机的主要工具——十字螺丝刀

▲组装好的计算机主机

4.1 装机前的准备工作

米拉将组装计算机所需的所有硬件都整齐地摆放在了一张桌子上。一个经验丰富的工程师告诉她，在装机之前，还需要做好一些准备工作。

在组装计算机之前，进行适当的准备十分必要。充分的准备工作可确保组装过程的顺利，并在一定程度上提高组装的效率与质量。

4.1.1 组装工具

组装计算机时需要用到一些工具来完成硬件的安装和检测，如十字螺丝刀、尖嘴钳和镊子。对于初学者来说，有些工具在组装过程中可能不会涉及，但在维护计算机的过程中则可能用到，如万用表、清洁剂、吹气球和小毛刷及毛巾等。

● **十字螺丝刀**：十字螺丝刀是计算机组装与维护过程中使用最频繁的工具，其主要功能是用来安装或拆卸各计算机部件之间的固定螺丝。由于计算机中的固定螺丝都是十字接头的，因此常用的螺丝刀是十字螺丝刀，如图4-1所示。

● **尖嘴钳**：尖嘴钳用来拆卸一些半固定的计算机部件，如机箱中的主板支撑架和挡板等，如图4-2所示。

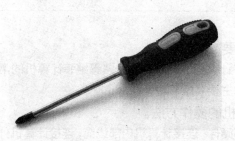

图4-1 十字螺丝刀

图4-2 尖嘴钳

多学一招

使用磁性螺丝刀

由于计算机机箱内空间狭小，因此应尽量选用带磁性的螺丝刀，这样可降低安装的难度。但螺丝刀上的磁性不宜过大，否则会对部分硬件造成损坏，磁性的强度以能吸住螺丝且不脱离为宜。

● **镊子**：由于计算机机箱内的空间较小，在安装各种硬件后，一旦需要对其进行调整，或有东西掉入其中，就需要使用镊子进行操作，如图4-3所示。

● **万用表**：万用表用于检查计算机部件的电压是否正常和数据线的通断等电气线路问题，现在比较常用的是数字式万用表，如图4-4所示。

● **清洁剂**：清洁剂用于清洁一些重要硬件上的顽固污垢，如显示器屏幕等，如图4-5所示。

● **吹气球**：吹气球用于清洁机箱内部各硬件之间的较小空间或各硬件上不宜清除的灰尘，如图4-6所示。

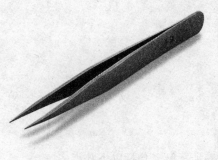
图 4-3 镊子

图 4-4 万用表

图 4-5 清洁剂

● **小毛刷**：小毛刷用于清洁硬件表面的灰尘，如图 4-7 所示。

● **毛巾**：毛巾用于擦除计算机显示器和机箱表面的灰尘，如图 4-8 所示。

图 4-6 吹气球

图 4-7 小毛刷

图 4-8 毛巾

4.1.2 熟悉装机的主要流程

组装之前还应该梳理组装的流程，做到胸有成竹，一鼓作气将整个操作完成。虽然组装电脑的流程并不固定，但通常可按以下流程进行。

STEP 1 安装机箱内部的各种硬件，包括以下部分。

● 安装电源。

● 安装 CPU 和散热风扇。

● 安装内存。

● 安装主板。

● 安装显卡。

● 安装其他硬件卡，如声卡、网卡。

● 安装硬盘（固态硬盘或普通硬盘）。

● 安装光驱（可以不安装）。

STEP 2 连接机箱内的各种线缆，包括以下部分。

● 连接主板电源线。

● 连接硬盘数据线和电源线。

● 连接光驱数据线和电源线（可以不安装）。

● 连接内部控制线和信号线。

STEP 3 连接主要的外部设备，包括以下部分。

- 连接显示器。
- 连接键盘和鼠标。
- 连接音箱（可以不安装）。
- 连接主机电源。

4.1.3 了解装机的注意事项

在开始组装计算机前，需要对一些注意事项有所了解，包括以下几点。

- 通过洗手或触摸接地金属物体的方式释放身上所带的静电，防止静电对电脑硬件产生损害。部分人认为在装机时，只须释放一次静电即可，其实这种观点是错误的，因为在组装计算机的过程中，由于手和各部件不断地摩擦，也会产生静电，因此建议多次释放。
- 在拧各种螺丝时，不能拧得太紧，拧紧后应往反方向拧半圈。
- 各种硬件要轻拿轻放，特别是硬盘。
- 插板卡时一定要对准插槽均衡向下用力，并且要插紧；拔卡时不能左右晃动，要均衡用力地垂直插拔，更不能盲目用力，以免损坏板卡。
- 安装主板、显卡和声卡等部件时应保证平稳，并将其固定牢靠，对于主板，应尽量安装绝缘垫片。

多学一招

注意装机环境

组装计算机需要有一个干净、整洁的平台，要有良好的供电系统，并远离电场和磁场。然后将各种硬件从包装盒中取出，放置在平台上，将硬件中的各种螺丝钉、支架和连接线也放置在平台上。

4.2 组装一台计算机

一切准备就绪，看着工作台上琳琅满目的硬件和配件，米拉有了一切尽在掌握的感觉，按照前面学习的组织流程，开始组装起来。

4.2.1 安装机箱内部硬件

安装机箱内部硬件并没有一个固定的步骤，通常由个人习惯和硬件类型决定，这里按照专业装机人员最常用的装机步骤进行操作。

1. 安装电源

首先打开机箱侧面板，然后将电源安装到机箱中，其具体操作如下。

（1）拆卸主机机箱盖，用十字螺丝刀拧下机箱后部的固定螺丝，然后拆下机箱的侧面板，如图4-9所示。

（2）用尖嘴钳将机箱后部的挡板拆掉，主要是拆掉第一个条形挡

微课视频

安装电源

片，方便后面安装显卡，如图 4-10 所示。通常机箱后部的条形挡片都是点焊在机箱上的，可以使用尖嘴钳直接将其拆下。

图 4-9 拆卸机箱盖

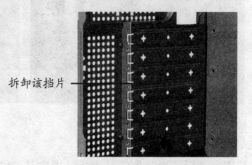
拆卸该挡片
图 4-10 拆卸条形挡片

多学一招

拆卸机箱两侧的面板

　　通常在安装硬盘或光驱时，需要将其固定在机箱的支架上，且最好两侧都安装螺丝，所以最好将机箱两侧的面板都拆卸掉。

（3）如果需要安装独立的声卡或者网卡，还需要将条形挡片拆卸 1 ~ 2 个，然后继续用尖嘴钳将机箱后的主板外部接口挡板拆掉，如图 4-11 所示。

（4）因为主板的外部接口不同，因此需要安装主板外部附带的挡板，这里将主板包装盒中附带的主板专用挡板扣在该位置（当然，这一步也可以在安装主板时进行，通常由个人习惯决定），如图 4-12 所示。

拆卸该挡板
图 4-11 拆卸机箱上的主板外部接口挡板

图 4-12 安装主板外部接口挡板

（5）接着放置电源，将电源有风扇的一面朝向机箱上的预留孔，然后将其放置在机箱的电源固定架上，如图 4-13 所示。注意，这里的电源固定架在机箱的上部，现在有很多机箱将电源固定架设置在机箱底部，安装起来更加方便。

（6）最后固定电源，将其后的螺丝孔与机箱上的孔位对齐，使用机箱附带的粗牙螺丝将电源固定在电源固定架上，然后用手上下晃动电源以检测其是否稳固，如图 4-14 所示。

图 4-13　放置电源　　　　　　　　图 4-14　固定电源

2．安装 CPU

安装完电源后，通常先安装主板，再安装 CPU，但由于机箱内的空间比较小，对于初次组装计算机的用户来说，操作起来比较麻烦。为了保证安装的顺利进行，可以先将 CPU 安装到主板上，再将主板固定到机箱中。下面介绍安装 CPU 和散热风扇的方法，其具体操作如下。

微课视频
安装 CPU

（1）将主板从包装盒中取出，放置在附带的防静电绝缘垫上，推开主板上的 CPU 插座拉杆，然后打开其上的 CPU 挡板，如图 4-15 所示。

（2）接着安装 CPU，使 CPU 两侧的缺口对准插座缺口，将其垂直放入 CPU 插座中，如图 4-16 所示。

插座缺口

图 4-15　打开 CPU 挡板　　　　　　图 4-16　放入 CPU

多学一招

安装 CPU

如果没有绝缘垫，也可以使用主板包装盒中的矩形泡沫垫，将其放置在包装盒上就可以安装主板。另外，有些 CPU 的一角上有个小三角形标记，如图 4-17 所示，将其对准主板 CPU 插座上的标记即可安装。

（3）此时不可用力按压，应使 CPU 自由滑入插座，然后盖好 CPU 挡板并压下拉杆，完成 CPU 的安装，如图 4-18 所示。

（4）在 CPU 背面涂抹导热硅脂。涂抹的正确方法是：使用购买硅脂时赠送的注射针筒，挤出少许硅脂到 CPU 中心，然后给手指戴上胶套（防杂质，胶套多为附送），将硅脂涂抹均匀，如图 4-19 所示。

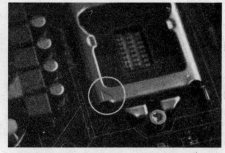

图 4-17　CPU 和 CPU 插座挡板上的标记

图 4-18　安装 CPU

图 4-19　涂抹硅脂

（5）将 CPU 风扇的 4 个膨胀扣对准主板上的风扇孔位，然后向下用力使膨胀扣卡槽进入孔位中，如图 4-20 所示。

（6）转动膨胀扣上的把手，并向右旋转 45°，分别转动其他把手，使风扇完全固定在主板上。然后将风扇的电源线插在主板上的 3 针电源插座上，如图 4-21 所示。

图 4-20　安装风扇

连接电源

旋转该把手

图 4-21　连接电源

3．安装内存

安装完 CPU 后就需要将内存条插入主板插槽，其具体操作如下。

（1）将内存条插槽上的固定卡座向外轻微用力扳开，打开内存条卡扣，如图 4-22 所示。

（2）将内存条上的缺口与插槽中的防插反凸起对齐，向下均匀用力将内存水平插入插槽中，直到内存的金手指和内存插槽完全接触，再将内存卡座扳回，使其卡入内存卡槽中，如图 4-23 所示。

微课视频

安装内存

图 4-22　打开内存条卡扣

图 4-23　安装内存

多学一招

内存插槽的颜色

内存插槽一般用两种颜色来表示不同的通道，如果需要安装两根内存条来组成双通道，则需要将两根内存条插入相同颜色的插槽。如果是三通道，则需要将 3 根内存条插入相同颜色的插槽，如图 4-24 所示。

图 4-24　安装三通道内存对比

4．安装主板

下面把安装好 CPU 和内存的主板安装到机箱中，其具体操作如下。

（1）首先观察主板螺丝孔的位置，然后根据该位置将六角螺栓放置在机箱内，如图 4-25 所示。

（2）使用螺丝刀或者尖嘴钳将六角螺栓逐个拧紧，如图 4-26 所示。通常为了固定主板，需要安装 6 颗六角螺栓。

微课视频
安装主板

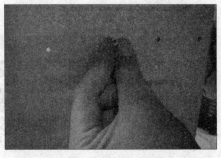
图 4-25　放入六角螺栓

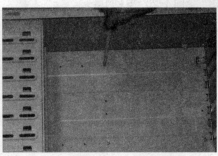
图 4-26　安装六角螺栓

（3）将主板平稳地放入机箱内，使其外部接口与机箱背面安装好的该主板专用挡板孔位对齐，如图 4-27 所示。

（4）此时主板的螺丝孔与六角螺栓也相应对齐，然后用螺丝将主板固定在机箱侧面板上，如图 4-28 所示。

图 4-27 对齐外部接口挡板　　　　　　　图 4-28 固定主板

5．安装显卡、声卡和网卡

其实很多主板都集成了音频和网络芯片，只须安装显卡，但也有一些主板需要单独安装声卡或网卡，其具体操作如下。

微课视频

安装显卡、声卡和网卡

（1）主板上的 PCI-Express 显卡插槽上都设计有卡扣，首先需要向下按压卡扣将其打开，将显卡的金手指对准主板上的 PCI-Express 接口，然后轻轻按下显卡，如图 4-29 所示。

（2）衔接完全后用螺丝将其固定在机箱上，完成显卡的安装，如图 4-30 所示。

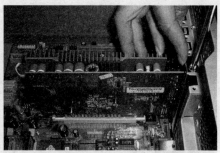

图 4-29 安装显卡　　　　　　　　　图 4-30 固定显卡

多学一招

安装显卡的注意事项

在听到"咔哒"一声后，即可检查显卡的金手指是否全部进入插槽，从而确定是否安装成功。另外，显卡的卡扣类型有几种，除了有向下按开的卡扣，还有向侧面拖动来打开的卡扣。

（3）将网卡的金手指对准 PCI 插槽插入，如图 4-31 所示。声卡的安装方法与网卡完全相同，这里不再赘述。

（4）确认网卡的金手指已完全插入 PCI 插槽后，即可用螺丝刀拧紧螺丝，将其固定在机箱上，如图 4-32 所示。

图 4-31　安装网卡

图 4-32　固定网卡

安装网卡和声卡的注意事项

在安装网卡或声卡前，还需要将机箱后面对应主板插槽的挡板拆除。这一操作最好在安装主板前进行，以避免可能的物理损坏。

6. 安装硬盘

接下来安装硬盘，其具体操作如下。

微课视频
安装硬盘

（1）将硬盘带有标签的一面朝向机箱上方，平直地将其推入机箱的 3.5 英寸驱动器支架上，如图 4-33 所示。

（2）使硬盘的螺丝孔位与支架上的相应孔位对齐，然后用细牙螺丝将硬盘固定在支架上，如图 4-34 所示。

图 4-33　安装硬盘

图 4-34　固定硬盘

安装固态硬盘

安装固态硬盘需要使用另外的支架，先将固态硬盘固定在支架上，再将整个固态硬盘支架固定到机箱内部的 3.5 英寸驱动器支架上，如图 4-35 所示。

图 4-35　安装固态硬盘

7．安装光驱

光驱一般安装在位于机箱顶部的 5 英寸驱动器支架上，其具体操作如下。

微课视频
安装光驱

（1）机箱 5 英寸驱动器支架外部安装有塑料挡板，所以在安装光驱前应将其拆除，从机箱内部将该挡板用力推出即可，如图 4-36 所示。

（2）将光驱由机箱外向内平行推入支架，使其螺丝孔与支架上的孔位一一对应，并与挡板平面对齐。在机箱的两侧分别用螺丝钉固定光驱，完成光驱的安装，如图 4-37 所示。至此，完成整个机箱内部硬件的安装操作。

图 4-36　拆除挡板

图 4-37　放入并固定光驱

4.2.2　连接机箱内部各种线缆

在安装了机箱内部的硬件后，即可连接机箱内的各种线缆，下面讲解相关操作。

微课视频
连接机箱内部各种线缆

1．连接主板电源线

连接主板电源线即将电源的电源插头连接到主板的插座，其具体操作如下。

（1）用 20 针主板电源线对准主板上的电源接口插入，如图 4-38 所示。

（2）用 4 针的主板辅助电源线对准主板上的辅助电源接口插入，如图 4-39 所示。

图 4-38　连接主板电源线

图 4-39　连接辅助电源线

2．连接硬盘数据线和电源线

接下来连接硬盘的数据线和电源线（固态硬盘的电源线和数据线与普通硬盘完全相同，这里不再赘述），其具体操作如下。

（1）现在常用 SATA 接口的硬盘，其电源线的一端为"L"型，在主机电源的连线中找到该电源线插头，将其插入硬盘对应的接口，如图 4-40 所示。

（2）SATA 硬盘的数据线两端接口都为"L"型（该数据线属于硬盘的附件，在硬盘包装盒中），按正确的方向分别将其插入硬盘与主板的 SATA 接口，如图 4-41 所示。

图 4-40　连接硬盘电源线

图 4-41　连接硬盘数据线

3．连接光驱数据线和电源线

光驱数据线和电源线的连接方法与硬盘的完全相同，这里不再赘述。

4．连接内部控制线和信号线

机箱内部的信号线主要控制机箱前面板的按钮和信号灯，其具体操作如下。

（1）从机箱信号线中找到机箱喇叭信号线插头，将该插头和主板上的 SPEAKER 接口相连，如图 4-42 所示。

（2）找到机箱的电源开关控制线插头，该插头为一个两芯的插头，和主板上的 POWER SW 或 PWR SW 接口相连，如图 4-43 所示。

图 4-42　连接 SPEAKER 信号线

图 4-43　连接电源开关控制线

知识提示

主板上的信号线和控制线

主板上的信号线和控制线的接口都有文字标识，用户也可通过主板说明书查看对应的位置。H.D.D LED 信号线连接硬盘信号灯，RESET SW 控制线连接重新启动按钮，POWER LED 信号线连接主机电源灯，SPEAKER 信号线连接主机喇叭，POWER SW 控制线连接开机按钮，USB 控制线和 AUDIO 控制线分别连接机箱前面板中的 USB 接口和音频接口。

（3）找到硬盘工作状态指示灯信号线插头，为两芯插头，其中一根线为红色，另一根线为白色，将该插头和主板上的 H.D.D LED 接口相连，如图 4-44 所示。

（4）找到机箱上的重启键控制线插头，并将其和主板上的 RESET SW 接口相连，如图 4-45 所示。

图 4-44　连接硬盘指示灯信号线

图 4-45　连接重启键控制线

知识提示

信号线和控制线的正负极

有些信号线或控制线的插头需要区分正负极，通常白色线为负极，主板上的标记为⊙；红色线为正极，主板上的标记为⊕。

（5）主机开关电源工作状态指示灯信号线是三芯插头，将其和主板上的 POWER LED 接口相连，如图 4-46 所示。

（6）在机箱的前面板连接线中找到前置 USB 连线的插头，并将其插入主板相应的接口，如图 4-47 所示。

图 4-46　连接电源指示灯信号线

图 4-47　连接前置 USB 线

（7）在机箱的前面板连接线中找到前置音频连线的插头，将其插入主板相应的接口，如图 4-48 所示。

（8）将机箱内部的信号线放在一起，并将光驱、硬盘的数据线和电源线理顺后用扎带捆绑固定起来，然后将所有电源线捆扎起来，如图 4-49 所示。

图 4-48　连接前置音频线　　　　　　　图 4-49　捆扎线缆

4.2.3　连接外部设备

微课视频

连接外部设备

组装完计算机的主机后，还需要连接显示器等外部设备，下面讲解相关操作。

1．连接显示器

连接显示器主要是指连接显示器的电源线，并将显示器的数据线连接到显卡上，其具体操作如下。

（1）先将显示器包装箱中配置的电源线一头插入显示器电源接口，并将显示器数据线的插头插入显示器的 VGA 接口（如果显示器的数据线是 DVI 或 HDMI 接口，对应连接即可），然后拧紧插头上的两颗固定螺丝，如图 4-50 所示。

（2）将显示器数据线另一头的 VGA 接头插入显卡的 VGA 接口，然后拧紧插头上的两颗固定螺丝，如图 4-51 所示。

连接显示器电源

VGA
接口

图 4-50　连接显示器上的连线　　　　　　图 4-51　连接显卡

2．连接键盘和鼠标

下面将鼠标和键盘连接到机箱后的主板外部接口上，其具体操作如下。

（1）将 PS/2 键盘连接线插头对准主机后的紫色键盘接口并插入，如图 4-52 所示。

（2）使用同样的方法将 PS/2 鼠标插头插入主机后的绿色接口，如图 4-53 所示。

图 4-52 连接键盘

图 4-53 连接鼠标

使用 USB 接口的鼠标和键盘

现在很多主板只有一个键盘鼠标通用的 PS/2 接口，这时就需要选购并使用 USB 接口的鼠标或键盘，如图 4-54 所示。如果使用无线鼠标或键盘，则需要将无线信号收发器插入机箱的 USB 接口上，如图 4-55 所示。

图 4-54 连接 USB 接口的键盘或鼠标

图 4-55 连接无线信号收发器

无线键盘和鼠标的供电

由于无线键盘和无线鼠标都要使用电池为其供电，所以在组装计算机时，需要为无线键盘和无线鼠标安装电池，如图 4-56 所示。

图 4-56 安装无线鼠标和无线键盘的电池

3．安装侧面板并连接主机电源线

安装侧面板并连接主机电源线的具体操作如下。

（1）将拆除的两个侧面板装上，如图 4-57 所示。

（2）然后用螺丝固定侧面板，如图 4-58 所示。

图 4-57　安装侧面板

图 4-58　用螺丝固定侧面板

（3）检查前面安装的各种连线，确认连接无误后，将主机电源线连接到主机后的电源接口，如图 4-59 所示。

（4）将电源插头插入电源插线板中，完成计算机整机的组装操作，如图 4-60 所示。

图 4-59　连接电源线

图 4-60　接通电源

4．安装音箱

很多计算机都需要安装音箱，安装音箱时比较复杂的操作是音箱之间的连线。音箱与计算机的连线比较简单，通常都有一根绿色接头的输出线，其具体操作如下。

（1）通常购买音箱时会附带相应的连接线，组装时只须使用其中的双头主音频线与左右声道音频线，将所需的音频线取出并整理好，如图 4-61 所示。

（2）将双头主音频线按不同的颜色，分别插入音箱后面对应颜色的音频输入孔中（通常红色插头插入红色输入孔，白色插头插入白色输入孔），如图 4-62 所示。

（3）按不同的颜色或正负极，将两根左右声道音箱的音频线的裸露的线头分别插入低音炮与扬声器的左右音频输出口（即左右声道），并用手指将塑料卡扣压紧以固定音频线，如图 4-63 所示。

（4）将双头音频线的另一头插入主板或声卡的声音输出口中（通常为绿色），完成整个音箱的安装操作，如图 4-64 所示。

图 4-61 整理音频线

图 4-62 连接双头主音频线

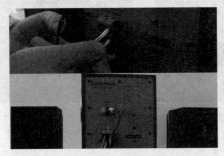

图 4-63 整理音频线

图 4-64 连接音频输入口

多学一招

安装计算机后的注意事项

　　计算机全部配件组装完成后，通常需要再次检测计算机是否安装成功。启动计算机，若能正常开机并显示自检画面，则说明整个计算机已组装成功，否则会发出报警声音。出错的硬件不同，报警声也不相同。通常最易出现的错误是显卡和内存条未插好，将其拔下重新插入即可解决问题。

4.3 项目实训：拆卸计算机硬件连接

4.3.1 实训目标

　　本实训的目标是将一台组装好的计算机中的硬件拆卸下来，帮助大家进一步了解计算机各硬件的安装操作。本实训的前后对比效果如图 4-65 所示。

微课视频

拆卸计算机硬件连接

图 4-65 计算机拆卸前后对比效果

4.3.2 专业背景

在学习了本章的知识后，要求学生在规定的时间内完成计算机的组装，并掌握整机的组装流程。

4.3.3 操作思路

完成本实训主要包括拆卸显示器、拆卸外部连线和拆卸机箱中的硬件 3 大步操作，其操作思路如图 4-66 所示。

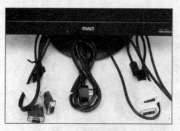
①拆卸显示器连线

②拆卸外部连线

③拆卸机箱中的硬件

图 4-66　拆卸计算机的操作思路

【步骤提示】

（1）关闭电源开关，拔下主机箱上的电源线，在机箱后侧将一些连线的插头直接向外水平拔出，如键盘线、PS/2 鼠标线、电源线、USB 线和音箱线等。

（2）在机箱后侧先将剩余连线插头两侧的螺钉固定把手拧松，再向外平拉，如显示器信号电缆插头和打印机信号电缆插头等。

（3）拔下所有外设连线后即可打开机箱。机箱盖的固定螺钉大多在机箱后侧边缘上，用十字螺丝刀拧下机箱的固定螺钉，取下机箱盖。

（4）打开机箱盖后即可拆卸板卡，拆卸板卡时，先用螺丝刀拧下条形窗口上固定插卡的螺钉。然后用双手捏紧接口卡的上边缘，平直地向上拔出板卡。

（5）拆卸板卡后需要拔下硬盘的数据线和电源线，在拆卸时只须捏紧插头的两端，平稳地沿水平方向拔出即可。然后拆卸硬盘，先拧下驱动器支架两侧用于固定驱动器的螺钉，接着握住硬盘向后抽出驱动器，在拆卸过程中应防止硬盘落下。

（6）按照同样的方法拆卸光盘驱动器，和拆卸硬盘唯一的不同是光盘驱动器应该从机箱的前面一侧抽出。

（7）将插在主板电源插座上的电源插头拔下，现在的 ATX 电源插头上有一个小塑料卡，捏住塑料卡，即可将其拔出。除了拔下主板的电源插头外，还需要拔下的插头有 CPU 风扇电源插头和主板与机箱面板按钮连线插头等。

（8）接着需要取出内存条，向外侧扳开内存插槽上的固定卡，捏住内存条的两端，向上均匀用力，将内存条取下。

（9）然后即可拆卸 CPU，先将 4 个 CPU 风扇固定扣打开，取下 CPU 风扇。之后将 CPU 插槽旁边的 CPU 固定拉杆拉起，捏住 CPU 的两侧，轻轻将 CPU 取下。

（10）接着需要取出主板，将主板的各个部分与机箱分离后，拧下固定主板的螺丝，将主板从主机箱中取出来。

（11）最后拆卸主机电源，先拧下固定的螺钉，接着握住电源向后抽出机箱即可。至此就完成了计算机硬件的拆卸工作，并能看到组成计算机的所有硬件。

4.4 课后练习

本章主要介绍了组装计算机的基本操作，包括常见的一些装机工具、装机的流程、装机的注意事项和具体组装操作等知识。读者应认真学习和掌握本章的内容，这也是本书的重点章节之一。

（1）按照实训的相关知识，拆卸一台计算机的硬件连接。

（2）按照本章介绍的流程，组装前面拆卸的计算机。

（3）拆卸一台笔记本电脑。

（4）根据拆卸的步骤，重新组装拆卸的笔记本电脑。

4.5 技巧提升

1. 组装笔记本电脑准系统

笔记本电脑通常不能组装，因为所有的笔记本电脑都是有散热专利的，每一款笔记本的硬件都有自己独特的规格型号，不容易进行组装。但现在有一种笔记本准系统 Barebone，它是一款只提供了笔记本最主要框架部分的产品，如基座、液晶显示屏、主板等，其他部分诸如 CPU、硬盘、光驱等则需要用户自己来选购并且安装。目前华硕、微星、精英等厂商都已发布了多款这样的产品。

下面以微星 MSI MS-1029 笔记本准系统为组装对象进行介绍，该对象的主板使用了 ATI 芯片组，并提供了 ATI Mobility Radeon X700 显卡、双层 DVD 刻录机和 15.4-inch WXGA 宽屏 LCD。接下来为该笔记本准系统选择安装 CPU、硬盘、无线网卡和内存，其具体操作如下。

- **拆卸挡板**：首先将笔记本电脑反置，找好合适的螺丝刀（笔记本螺丝比台式机的要小，应该选择小一号的十字螺丝刀），使用螺丝刀将笔记本电脑背部能够拆卸的挡板全部卸下来。

- **安装 CPU**：首先将 CPU 插座右侧的杠杆拉起并上推到垂直的位置，把 CPU 上的针脚缺口与插座上的缺口对准进行安装。再将右侧的杠杆放回原位，CPU 即可安全地安装在 CPU 插座上。

- **安装 CPU 散热管**：将热管散热器对准 CPU，先将热管散热片显示核心散热的部分对好之后，再进行固定螺丝的工作。将 CPU 散热部分的四颗螺丝固定好，再将显示核心散热部分的螺丝固定好。

- **安装 CPU 散热风扇**：先把风扇电源与主板上的电源接口连接好，接着将风扇放进凹槽，将三颗螺丝旋紧，即可固定好风扇。

- **安装内存**：将内存以大约40°的角度斜插入内存插槽，然后小心地向下轻轻一按，内存即可插入合适的位置。
- **安装无线网卡**：其安装方法与内存的安装方法基本一致，先斜斜地把网卡与插槽对好，然后再轻轻地往里向下按压即可。接着再将Mini PCI无线网卡上的天线装好，注意接口要安装正确。
- **安装硬盘**：先将硬盘与保护盒结合在一起，将硬盘的数据接口与笔记本主板上的硬盘接口对接好。再将硬盘放入硬盘仓，接着将硬盘四周的4个螺丝固定好，完成硬盘的安装。
- **安装光驱**：只需要轻轻往光驱仓里面一插即可。
- **安装电源**：先将电池仓两则的锁扣松下，然后拿好电池，对准接口轻轻地推进去，电池装好后再将两侧的锁扣关上。
- **安装挡板**：安装好挡板后，整个硬件的组装就完成了。

2．组装计算机的常见技巧

对于新手来说，组装计算机的时候，不能只是按照前面介绍的流程进行，因为每台计算机的主板、机箱、电源等都不一样，对于疑惑的地方，不妨查阅一下说明书。下面就介绍一些常见的组装计算机的技巧。

- **选择 PCI-E 插槽**：对于有多条 PCI-E 插槽的主板，靠近 CPU 的 PCI-E 插槽能给显卡提供更完整的性能，通常应该选择该插槽安装显卡。但在一些计算机中，由于CPU 散热器（如水冷）体积过于庞大，会与显卡散热器的位置发生冲突，为了给CPU 和显卡更大的散热空间，这就需要将显卡安装在第二条 PCI-E 插槽上。
- **注意固定主板螺丝的顺序**：主板螺丝的安装有着一定顺序。先将主板螺丝孔位与背板螺钉对齐，安装主板对角线位置的两颗螺丝，这样做是为了避免在安装之后主板发生位移；但这两颗螺丝不必拧紧，再安装其余 4 颗螺丝，同样不必拧紧。在六颗螺丝都安装完毕之后，再依次拧紧，避免因受力不均导致主板变形。
- **选择安装硬件的顺序**：组装计算机的顺序，不同的人有不同的看法，按照自己的习惯进行即可。对于组装计算机的新手，最好先将硬盘、电源安装到机箱，再将安装好 CPU、显卡的主板安装到机箱中，这样做的优势是可以避免在安装电源和硬盘时失手撞坏主板。

3．怎么拆开散热器和 CPU

有些情况下，散热硅脂将 CPU 和散热器紧密粘在一起，无法拆卸。这时可以启动计算机，运行一些比较占用 CPU 资源的程序，让 CPU 的发热量增加，十几分钟之后关闭计算机，即可拆卸散热器。

CHAPTER 5

第 5 章
设置 BIOS 和硬盘分区

情景导入

米拉启动了组装好的计算机，看到系统显示"没有找到硬盘，无法启动系统"。她查了查相关资料，发现还需要进行 BIOS 设置和硬盘分区，才能启动计算机系统，于是她又开始学习相关的知识。

学习目标

● 掌握设置计算机 BIOS 的相关操作。

　　如认识常见的计算机 BIOS 类型，设置 BIOS 的基本操作，熟悉 BIOS 的常用设置等。

● 掌握硬盘分区的操作。

　　如了解硬盘分区的原因、原则、类型和文件格式，硬盘分区的基本操作，硬盘格式化的基本操作等。

案例展示

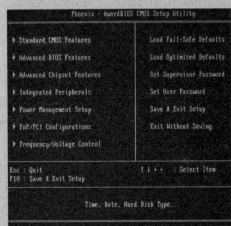

▲设置 BIOS

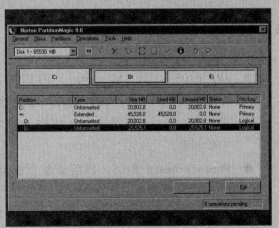

▲硬盘分区

5.1 认识 BIOS

认识 BIOS 不仅是认识主板中的 BIOS 芯片，最主要的是能够进行 BIOS 设置，并通过设置调整计算机的相关操作。

BIOS（Basic Input and Output System，基本输入/输出系统）是被固化在只读存储器（Read Only Memory，ROM）中的程序，因此又被称为 ROM BIOS 或 BIOS ROM。BIOS 程序在开机时即运行，执行了 BIOS 后才能使硬盘上的程序正常工作。由于 BIOS 是存储在只读存储器（即 BIOS 芯片）中的，因此它只能读取不能修改，且断电后能保持数据不丢失。BIOS 是计算机启动和操作的基础，若计算机系统中没有 BIOS，则所有的硬件设备都不能正常使用。因此，BIOS 对硬件的管理功能也能代表计算机系统的性能。

5.1.1 BIOS 的基本功能

BIOS 的功能主要包括中断服务程序、系统设置程序、开机自检程序和系统启动自举程序 4 项，但经常使用到的只有后面 3 项。

● **中断服务程序**：该功能实质上是指计算机系统中软件与硬件之间的一个接口。操作系统中对硬盘、光驱、键盘和显示器等外围设备的管理，都建立在 BIOS 的基础上。

● **系统设置程序**：计算机在对硬件进行操作前必须先知道硬件的配置信息，这些配置信息存放在一块可读写的 RAM 芯片中。而 BIOS 中的系统设置程序主要用来设置 RAM 中的各项硬件参数，这个设置参数的过程就称为 BIOS 设置。

● **开机自检程序**：在按下计算机电源开关后，POST（Power On Self Test，自检）程序将检查各个硬件设备是否工作正常。自检包括对 CPU、640KB 基本内存、1MB 以上的扩展内存、ROM、主板、CMOS 存储器、串并口、显示卡、软/硬盘子系统及键盘的测试，一旦在自检过程中发现问题，系统将给出提示信息或警告。

● **系统启动自举程序**：在完成 POST 自检后，BIOS 将先按照 RAM 中保存的启动顺序来搜寻软硬盘、光盘驱动器和网络服务器等有效的启动驱动器，然后读入操作系统引导记录，再将系统控制权交给引导记录，最后由引导记录完成系统的启动。

5.1.2 认识 BIOS 的类型

通常 BIOS 的类型是按照品牌进行划分的，主要有以下两种。

● **AMI BIOS**：它是 AMI 公司生产的 BIOS，最早开发于 20 世纪 80 年代中期，占据了早期台式机的市场，286 电脑和 386 电脑大多采用该 BIOS，它具有即插即用、绿色节能和 PCI 总线管理等功能。图 5-1 所示为一块 AMI BIOS 芯片和 AMI BIOS 开机自检画面。

● **Phoenix-Award BIOS**：目前新配置的计算机大多使用 Phoenix-Award BIOS，其功能和界面与 Award BIOS 基本相同，只是标识的名称代表了不同的生产厂家，因此可以将 Phoenix-Award BIOS 当作新版本的 Award BIOS。图 5-2 所示为一块 Phoenix-Award BIOS 芯片和 Phoenix-Award BIOS 开机自检画面。

图 5-1　AMI BIOS   图 5-2　Phoenix-Award BIOS

5.1.3 学会设置 BIOS 的基本操作

BIOS 的基本操作包括进入 BIOS 设置程序和在 BIOS 设置程序中进行操作两方面内容。

1. 进入 BIOS 主界面

不同的 BIOS，其进入方法有所不同，常见方法有以下两种。

- **AMI BIOS**：启动计算机，按【Delete】或【Esc】键，出现屏幕提示，图 5-3 所示为 AMI BIOS 的主界面。
- **Phoenix-Award BIOS**：启动计算机，按【Delete】键，出现屏幕提示，图 5-4 所示为 Phoenix-Award BIOS 的主界面。

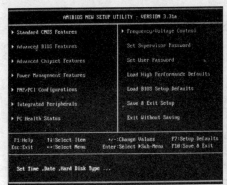
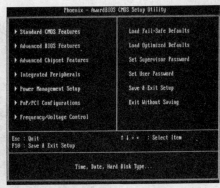

图 5-3　AMI BIOS 主界面   图 5-4　Phoenix-Award BIOS 主界面

多学一招

进入 BIOS 设置窗口

打开计算机电源后，通常会显示主板 BIOS 的自检信息，在画面的左下方会出现 "Press DEL to enter SETUP" 之类的提示，此时按下【Delete】键便可以进入 BIOS 的设置窗口。

2. BIOS 中的基本操作

进入 BIOS 设置主界面后，可按以下的快捷键进行操作。

- **【←】、【→】、【↑】和【↓】键**：用于在各设置选项间切换和移动。
- **【＋】或【Page Up】键**：用于切换选项设置递增值。
- **【－】或【Page Down】键**：用于切换选项设置递减值。

- 【Enter】键：确认执行和显示选项的所有设置值并进入选项子菜单。
- 【F1】键或【Alt＋H】组合键：弹出帮助（Help）窗口，并显示说明所有功能键。
- 【F5】键：用于载入选项修改前的设置值。
- 【F6】键：用于载入选项的默认值。
- 【F7】键：用于载入选项的最优化默认值。
- 【F10】键：用于保存并退出 BIOS 设置。
- 【Esc】键：回到前一级画面或主画面，或从主画面中结束设置程序。按此键也可不保存设置直接退出 BIOS 程序。

5.2 设置 BIOS

米拉进入了 BIOS 的主界面，开始对照主板说明书学习设置 BIOS。下面以 Phoenix-Award BIOS 为例，介绍 BIOS 的各个选项，以及最常见的计算机设置操作。

5.2.1 BIOS 中的各项设置

BIOS 中的常用选项设置有标准 CMOS 设置、高级 BIOS 特性设置、高级芯片组设置、外部设备设置、电源管理设置、PnP 和 PCI 配置设置、频率和电压控制设置、载入最安全默认值和载入最优化默认值等几种。

1. 标准 CMOS 设置（Standard CMOS Features）

这项功能主要包括对日期和时间、硬盘和光驱以及启动检查等选项的设置，其设置界面如图 5-5 所示。

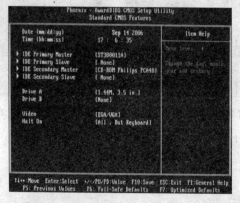

图 5-5　Standard CMOS Features 界面

- Date 和 Time：该选项用于设置日期和时间，BIOS 中的日期和时间即为系统所使用的日期和时间，如果设置的值与实际的值有所偏差，可以通过 BIOS 设置对其进行调整。
- 硬盘和光驱：该选项显示硬盘和光驱的参数、硬盘自动检测功能、存取模式以及相关参数的检测方式等，另外，还可以显示硬盘的容量大小。
- Halt On：该选项用于设置启动检查，当计算机在启动过程中遇到错误时可暂停启动，从而避免在有问题的环境下运行系统。在BIOS中可对需要检查的内容进行设置。图5-5中选项为检查键盘，一般在启动时需要按【F1】键才能继续启动。

2. 高级BIOS特性设置（Advanced BIOS Features）

该项功能可以对CPU的运行频率、病毒报警功能、磁盘引导顺序以及密码检查方式等选项进行设置，其设置界面如图5-6所示，各主要选项的设置方法分别介绍如下。

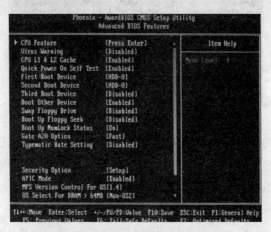

图5-6　Advanced BIOS Features界面

- CPU Feature：在该选项上按【Enter】键可在打开的界面中对CPU的运行频率进行设置，如果设置错误将导致系统出错，无法启动。

- Virus Warming：即病毒警告功能，启用该功能后，BIOS只要检测到硬盘的引导扇区、硬盘分区表有写入操作时，就会将其暂停，并发出信息询问用户的意见，从而达到预防开机型病毒的目的。

- 磁盘引导顺序：通过BIOS中的相应设置可决定系统在开机时先检测哪个设备并进行启动，包括第一、第二、第三启动的磁盘设置和是否启动其他磁盘，常用的可选择设备有CDROM和HDD-0等。

- Security Option：如果用户为自己的计算机设置了开机密码，则可通过设置该选项决定在什么时候需要输入密码，其中包括"Setup"和"System"两个选项。

常见的BIOS参数

通常"Enabled"表示该功能正在运行；"Disabled"表示该功能不能运行；"On"表示该功能处于启动状态；"Off"表示该功能处于未启动状态。

3. 高级芯片组设置（Advanced Chipset Features）

该项功能主要针对主板采用的芯片组运行参数，通过对其中各个选项的设置可更好地发挥主板芯片的功能。但其设置内容非常复杂，稍有不慎将导致系统无法开机或出现死机现象，所以不建议用户更改其中的任何设置参数，其设置界面如图5-7所示。

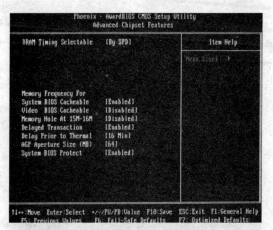

图 5-7　Advanced Chipset Features 界面

- **DRAM Timing Selectable**：该选项设置芯片组运行参数，当选择"By SPD"选项时，表示由计算机自动控制，其下方的相关设置选项为不可用状态。

- **Video BIOS Cacheable**：目前操作系统已很少请求视频 BIOS，建议将该选项设定为"Disabled"，以释放内存空间并降低冲突概率。

- **Delayed Transaction**：该选项设置对延时的处理，如果不使用 ISA 显卡或与 PCI 2.1 标准不兼容，则应将其设定为"Disabled"。

4．外部设备设置（Integrated Peripherals）

该项功能主要对外部设备运行的相关参数进行设置，其中的内容较多，主要包括芯片组内建第一和第二个 Channel 的 PCI IDE 界面、第一和第二个 IDE 主控制器下的 PIO 模式、USB 控制器、USB 键盘支持以及 AC97 音效等，其设置界面如图 5-8 所示。

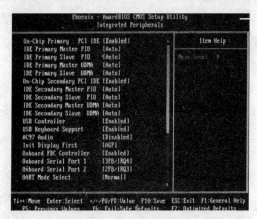

图 5-8　Integrated Peripherals 界面

- **AC97 Audio**：该选项表示主板中集成了 AC97 声卡，通过该选项可设置是否开启 AC97 声效。如果要使用独立声卡，可以将"AC97 Audio"选项设定为"Disabled"，以屏蔽集成声卡的功能。

- **USB Keyboard Support**：该选项用于设置是否支持 USB 接口的键盘。

- **USB Controller**：该选项用于设置是否开启 USB 控制器。最好将其设置为"Enabled"。

5．电源管理设置（Power Management Setup）

　　该项功能用于配置计算机的电源管理功能，以降低系统的耗电量。计算机可以根据设置的条件自动进入不同阶段的省电模式，其设置界面如图 5-9 所示。

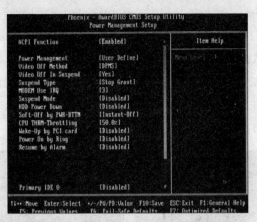

图 5-9　Power Management Setup 界面

- Power Management：该选项用于设置计算机的省电模式。
- Video Off Method：该选项用于设置屏幕进入省电模式时系统的运行模式。
- Soft-Off by PWR-BTTN：该选项用于设置当按下主机电源开关后，计算机所执行的操作，包括待机和关机两种，判断依据为按住电源开关持续的时间。
- Resume by Alarm：该选项用于设置系统是否采用定时开机。

6．PnP/PCI 配置设置（PnP/PCI Configuration）

　　该项功能主要用于对 PCI 总线部分的系统设置。其配置设置内容技术性较强，所以不建议普通用户对其进行调整，以免出现问题，一般采用系统默认值即可，其设置界面如图 5-10 所示。

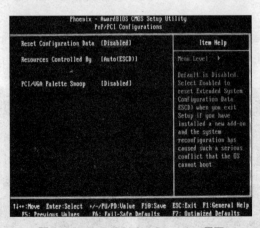

图 5-10　PnP/PCI Configuration 界面

- Reset Configuration Data：在新增硬件或更改 IRQ 设置等情况时，可先将该选项设置为"Enabled"，系统在下次开机时将自动重新配置 PnP 资源，配置完成后会自动切换到"Disabled"。

● **Resources Controlled By：**该选项用于设置系统上的 IRQ 和 DMA 等资源由谁来进行分配，所以只须将其设定为默认值的"Auto（ESCD）"即可。

7．频率和电压控制设置（Frequency/Voltage Control）

频率和电压控制（Frequency/Voltage Control）功能主要用来调整 CPU 的工作电压和核心频率，以帮助 CPU 进行超频，其设置界面如图 5–11 所示。

8．载入最安全默认值（Load Fail-Safe Defaults）

最安全默认值是 BIOS 为用户提供的保守设置，以牺牲一定的性能为代价最大限度地保证计算机中硬件的稳定性。用户可在 BIOS 主界面中选择"Load Fail-Safe Defaults (Y/N)? Y"选项将其载入，如图 5–12 所示。

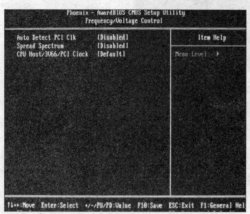

图 5–11　Frequency/Voltage Control 界面

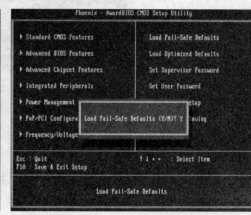

图 5–12　载入最安全默认值

9．载入最优化默认值（Load Optimized Defaults）

最优化默认值是指将各项参数更改为针对该主板的最优化方案。用户可在 BIOS 主界面中选择"Load Optimized Defaults (Y/N)? Y"选项将其载入，如图 5–13 所示。

10．退出 BIOS

在 BIOS 主界面中，若选择"Save&Exit Setup"选项可保存更改并退出 BIOS 系统；若选择"Exit Without Saving"选项则不保存更改并退出 BIOS 系统，如图 5–14 所示。

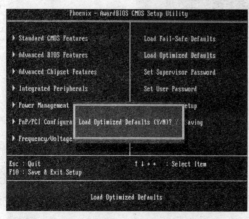

图 5–13　载入最优化默认值

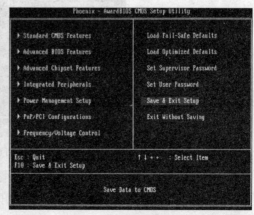

图 5–14　退出 BIOS

5.2.2 设置常见 BIOS 选项

BIOS 中虽然设置很多，但常用的主要有以下几项。

1. 更改系统日期和时间

全新组装的计算机，其系统时间与日期都为出厂时的默认设置，用户可将其更改为正确的时间与日期，其具体操作如下。

（1）启动计算机，当出现自检画面时按【Delete】键，进入 BIOS 设置主界面，光标默认停留在第一个选项 "Standard CMOS Features"（标准 CMOS 设置）上，如图 5-15 所示。

（2）按【Enter】键进入设置界面，然后在 "Date" 选项与 "Time" 选项中按【Page Up】与【Page Down】键调整系统日期和时间即可，如图 5-16 所示。

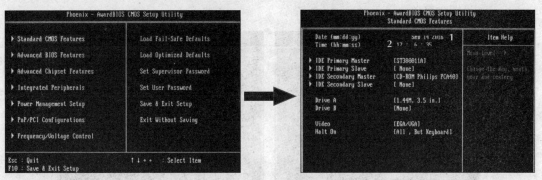

图 5-15　进入 BIOS 设置　　　　　　图 5-16　更改日期和时间

2. 设置启动顺序

启动顺序是指系统启动时将按设置的驱动器顺序查找并加载操作系统，是在高级 BIOS 设置界面中进行设置，其具体操作如下。

（1）在 BIOS 设置主界面中，使用【↓】键将光标移动到 "Advanced BIOS Features"（高级 BIOS 设置）选项上，如图 5-17 所示。

（2）按【Enter】键进入高级 BIOS 设置界面，使用【↓】键将光标移动到 "First Boot Device" 选项上，如图 5-18 所示。

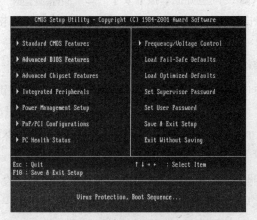

图 5-17　选择高级 BIOS 设置

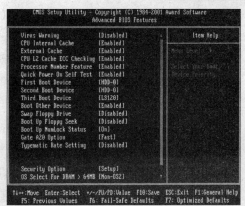

图 5-18　选择设置启动顺序选项

（3）按【Enter】键打开"First Boot Device"对话框。使用【↓】键移动光标到"CDROM"选项上，即设置光驱为第一启动设备。设置完成后按【Enter】键，返回高级 BIOS 设置界面，如图 5-19 所示。

启动驱动器参数

在打开的提示框中，"Floppy"选项表示软盘驱动器；"LS120"选项表示 LS120 软盘驱动器；"HDD-0、HDD-1、HDD-2……"选项表示硬盘；"SCSI"选项表示 SCSI 设备；"USB"选项表示 USB 设备。

（4）移动光标到"Second Boot Device"选项上，以同样的方法设置"HDD-0"（第一主硬盘）为第二启动设备，如图 5-20 所示。设置完成后按【Esc】键，返回 BIOS 设置主菜单。

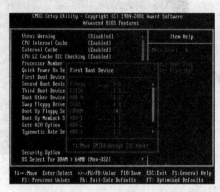

图 5-19　设置第一启动设备

图 5-20　设置第二启动设备

3. 设置报警温度

CPU 过热有可能会导致计算机出现重启或死机等故障，严重时还可能烧毁 CPU。因此，可以在 BIOS 中为其设置报警温度，即当 CPU 达到设定的温度时发出报警声，以提醒用户及时地发现问题并解决，其具体操作如下。

微课视频

设置报警温度

（1）启动计算机，按【Delete】键进入 BIOS 设置主界面，按【↓】键移动光标到"PC Health Status"（计算机健康状况）选项上，然后按【Enter】键，如图 5-21 所示。

（2）在计算机健康状况设置界面将光标移动到"CPU Warning Temperature"选项上，然后按【Enter】键，在打开的对话框中选择"70℃ /158°F"选项，再按【Enter】键，如图 5-22 所示。

（3）按【↓】键移动光标到"Shutdown Temperature"（系统重启温度）选项上，然后按【Enter】键，如图 5-23 所示。

（4）进入设置系统重启温度的界面，按照与步骤（2）相同的方法将系统重启温度设置为"75℃ /167°F"，即当 CPU 温度达到 75℃时，系统将自动重新启动，如图 5-24 所示。

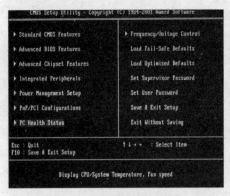

图 5-21 选择计算机健康设置

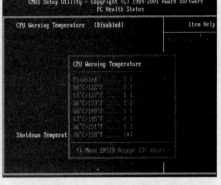

图 5-22 设定报警温度

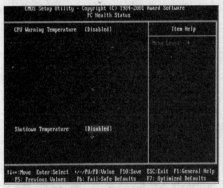

图 5-23 选择选项

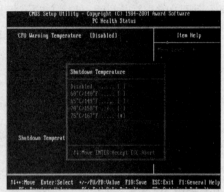

图 5-24 设定计算机重启温度

4．设置 BIOS 密码

在 BIOS 中可以为计算机设置两种密码，分别是用户密码与超级用户密码，其具体操作如下。

（1）在 BIOS 主界面中使用方向键将光标移动到 "Set Supervisor Password"（设置超级用户密码）选项上，然后按【Enter】键，如图 5-25 所示。

（2）系统将打开 "Enter Password" 文本框，在文本框中输入要设置的超级用户密码，然后按【Enter】键，如图 5-26 所示。

微课视频

设置 BIOS 密码

多学一招

删除或更改 BIOS 密码

设置了 BIOS 密码后，如果需要删除密码或更改密码，则必须先用用户密码进入 BIOS 设置主界面，在 "Set Supervisor Password" 选项或 "Set User Password" 选项上连续按 3 次【Enter】键即可删除密码。更改密码的操作过程与设置密码的操作相同。

（3）系统将提示再次输入密码，在文本框中再次输入要设置的密码，然后按【Enter】键，如图 5-27 所示。

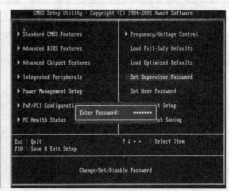

图 5-25　选择选项　　　　　　　　　　　图 5-26　输入超级用户密码

（4）返回 BIOS 主界面后，使用方向键将光标移动到"Set User Password"（设置用户密码）
选项上，然后按【Enter】键，如图 5-28 所示。

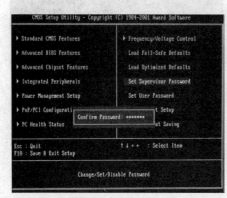
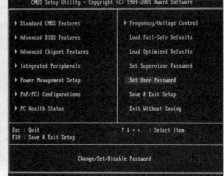

图 5-27　确认超级用户密码　　　　　　　图 5-28　设置用户密码

（5）系统将打开"Enter Password"文本框，在其中输入用户密码，然后按【Enter】键，
如图 5-29 所示。

（6）在打开的确认文本框中再次输入用户密码，然后按【Enter】键即可完成用户密码
的设置，如图 5-30 所示。

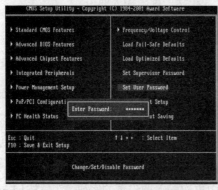
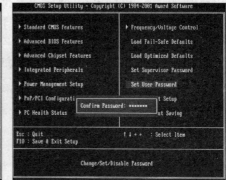

图 5-29　输入用户密码　　　　　　　　　图 5-30　确认用户密码

5．保存与退出 BIOS

对 BIOS 进行设置后，需要保存设置并重新启动计算机，相关设置才会生效，下面介绍退出 BIOS 的方法，其具体操作如下。

（1）在 BIOS 设置主界面中选择"Save & Exit Setup"（保存后退出）选项并按【Enter】键，在打开的提示对话框中按【Y】键，再按【Enter】键即可保存并退出 BIOS，如图 5-31 所示。

（2）如果需要不保存设置并退出 BIOS，则选择"Exit Without Setup"（不保存退出）选项并按【Enter】键，在打开的提示对话框中按【Y】键，再按【Enter】键直接退出 BIOS，如图 5-32 所示。

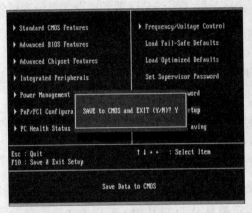
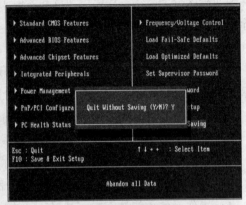

图 5-31　保存后退出　　　　图 5-32　不保存退出

5.3　硬盘分区

设置完计算机的驱动器启动顺序后，就需要对硬盘进行分区。

5.3.1　认识硬盘分区

硬盘分区是指在一块物理硬盘上创建多个独立的逻辑单元，以提高硬盘利用率并实现数据的有效管理，这些逻辑单元即通常所说的 C 盘、D 盘和 E 盘等。

1．分区的原因

对硬盘进行分区的原因主要有以下两个方面。

- **引导硬盘启动**：新出厂的硬盘并没有进行分区激活，这使得计算机无法对硬盘进行读写操作。在进行硬盘分区时可为其设置好各项物理参数，并指定硬盘的主引导记录及引导记录备份的存放位置。只有主分区中存在主引导记录，才可以正常引导硬盘启动，从而实现操作系统的安装及数据的读写。

- **方便管理**：未进行分区前的新硬盘只具有一个原始分区。随着硬盘容量越来越大，一个分区不仅会使硬盘中的数据变得没有条理性，而且不利于计算机性能的发挥。因此有必要对硬盘空间进行合理分配，将其划分为几个容量较小的分区。

2．分区的原则

在对硬盘进行分区时不可盲目分配，需按照一定的原则来完成分区操作。分区的原则一般包括合理分区、实用为主和根据操作系统的特性分区等。

- **合理分区**：合理分区是指分区数量要合理，不可太多。过多的分区数量将降低系统启动及读写数据的速度，并且也不方便磁盘管理。
- **实用为主**：根据实际需要来决定每个分区的容量大小，每个分区都有专门的用途。这种做法可以使各个分区之间的数据相互独立，不易产生混淆。
- **根据操作系统的特性分区**：同一种操作系统不能支持全部类型的分区格式，因此，在分区时应考虑将要安装何种操作系统，以便能做合理安排。

常见分区分为系统、程序、数据和备份 4 个区，除了系统分区要考虑操作系统容量外，其余分区可平均进行分配。

3．分区的类型

分区类型是在最早的 DOS 操作系统中出现的，其作用主要是描述各个分区之间的关系。分区类型主要包括主分区、扩展分区与逻辑分区。

- **主分区**：主分区是硬盘上最重要的分区。在一个硬盘上最多能有 4 个主分区，但只能有一个主分区被激活。主分区被系统默认分配为 C 盘。
- **扩展分区**：主分区外的其他分区统称为扩展分区。
- **逻辑分区**：逻辑分区从扩展分区中分配，只有逻辑分区的文件格式与操作系统兼容，操作系统才能访问它。逻辑分区的盘符默认从 D 盘开始（前提条件是硬盘上只存在一个主分区）。

4．分区的文件格式

硬盘分区的文件格式决定了操作系统的兼容性及硬盘读写性能的差异。常用的分区文件格式有 FAT32 与 NTFS 两种，以 NTFS 为主，这种文件格式的硬盘分区占用的簇更小，支持的分区容量更大，并且引入了一种文件恢复机制，可最大限度地保证数据安全。Windows 系列操作系统通常都使用这种分区的文件格式。

5.3.2 硬盘分区操作

硬盘分区需要专业的分区软件，如 PartitionMagic（分区魔术师），下面使用该软件对硬盘进行分区，其具体操作如下。

微课视频

硬盘分区操作

（1）将 PartitionMagic 程序光盘放入光驱中，然后启动计算机，打开程序界面，在其中即可看到计算机中所有的硬盘，如图 5-33 所示。

（2）在界面窗口中选择需要分区的硬盘，单击鼠标右键，在弹出的快捷菜单中选择"Create"命令，如图 5-34 所示。

（3）在打开对话框的"Create as"下拉列表框中选择"Primary Partition"选项，在"Size"数值框中输入主分区的容量，单击 OK 按钮，如图 5-35 所示。

（4）返回主界面，可以看到创建的主分区，如图 5-36 所示。

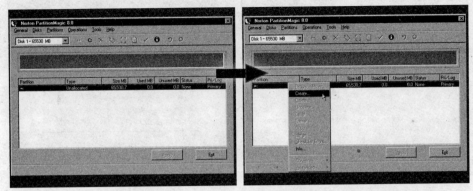

图 5-33 启动 PartitionMagic　　　　图 5-34 选择命令（一）

通过 U 盘启动计算机进行分区

安装大白菜等 U 盘启动工具，利用 U 盘启动计算机，然后在启动的系统中通过运行 PartitionMagic 也可对硬盘进行分区。

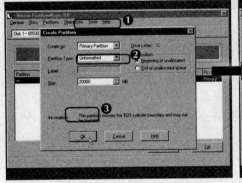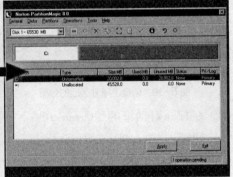

图 5-35 创建主分区　　　　　　图 5-36 创建主分区后的效果

利用键盘进行分区操作

通常情况下，可以通过鼠标进行分区操作，如果不能使用鼠标，则可以利用键盘进行分区操作。主要是通过【Tab】键切换操作区域，通过【Enter】键确认操作，通过方向键选择不同选项。

（5）在未分配的区域中单击鼠标右键，在弹出的快捷菜单中选择 "Create" 命令，如图 5-37 所示。

（6）在打开对话框的 "Create as" 下拉列表框中选择 "Logical Partition" 选项，在 "Size" 数值框中输入一个逻辑分区的容量，单击 按钮，如图 5-38 所示。

（7）返回主界面，可以看到创建的逻辑分区，如图 5-39 所示。

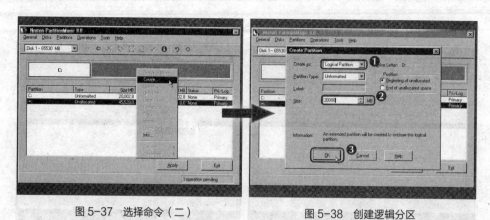

图 5-37　选择命令（二）　　　　　　图 5-38　创建逻辑分区

（8）继续在未分配的区域中单击鼠标右键，在弹出的快捷菜单中选择"Create"命令，如图 5-40 所示。

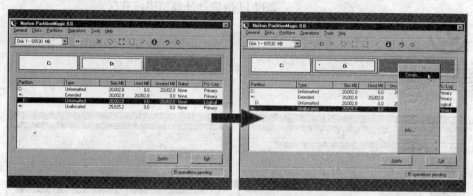

图 5-39　创建逻辑分区后的效果　　　　图 5-40　选择命令（三）

（9）在打开对话框的"Create as"下拉列表框中选择"Logical Partition"选项，单击 OK 按钮，如图 5-41 所示。

（10）所有剩余的空间被创建为另一个逻辑分区，单击 Apply 按钮，如图 5-42 所示。

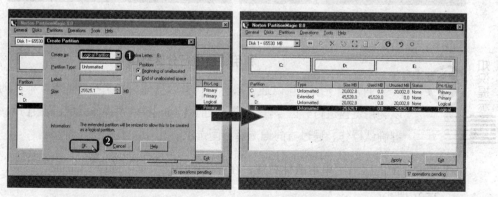

图 5-41　创建另一个逻辑分区　　　　图 5-42　执行操作（一）

（11）打开"Apply Changes"对话框，单击 Yes 按钮，如图 5-43 所示。

（12）打开"Batch Progress"对话框，在其中将执行所有的操作并显示进度，如图 5-44 所示。

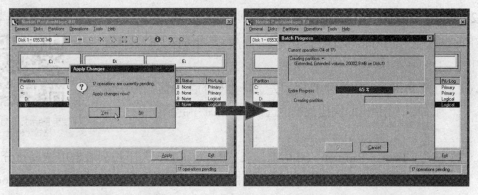

图 5-43　执行操作（二）　　　　　　　　　图 5-44　显示进度

（13）完成后，在"Batch Progress"对话框中显示已完成所有操作，单击 OK 按钮，如
　　　图 5-45 所示。

（14）返回 PartitionMagic 主界面，单击 Exit 按钮，完成硬盘分区的操作，如图 5-46 所示。

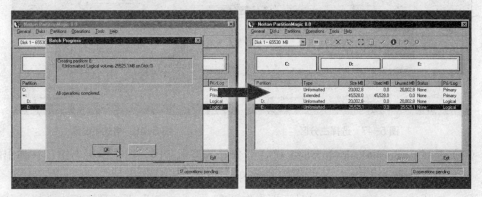

图 5-45　完成操作　　　　　　　　　　　图 5-46　完成硬盘分区

5.4　硬盘格式化

　　硬盘格式化是指对创建的分区进行初始化，并确定数据的写入区。只有经过格式化的分区，才可以安装软件及存储数据，执行格式化操作后，将会清除已存储数据的分区中的所有内容。

5.4.1　格式化的类型

硬盘格式化分为低级格式化与高级格式化两种。

● **低级格式化**：低级格式化又叫物理格式化，它将空白的磁盘划分出柱面和磁道，再将磁道划分为若干个扇区。硬盘在出厂时已经进行过低级格式化操作，常见的低级格式化工具有 LFormat、DM 及硬盘厂商们推出的各种硬盘工具等。

● **高级格式化**：高级格式化只是重置硬盘分区表，并清除硬盘上的数据，而不对硬盘的柱面、磁道与扇区做改动。通常所说的格式化即高级格式化，常见的高级格式化工具有 PartitionMagic、Fdisk 和 Windows 操作系统自带的格式化工具等。

5.4.2 使用 PartitionMagic 格式化硬盘

使用 PartitionMagic
格式化硬盘

下面继续使用 PartitionMagic 格式化划分好的硬盘分区，其具体操作如下。

（1）打开 PartitionMagic 主界面，先选择创建的主分区。单击鼠标右键，在弹出的快捷菜单中选择"Format"命令，如图 5-47 所示。

（2）打开"Format Partition"对话框，在"Partition Type"下拉列表框中选择该分区的文件格式类型，在"Label"文本框中输入该分区的名称，在"Type OK to confirm partition format"文本框中输入"OK"，单击 ok 按钮，如图 5-48 所示。

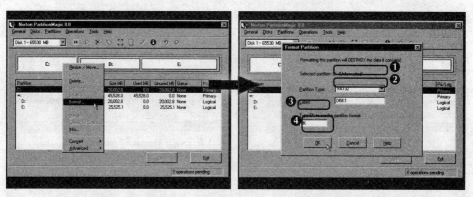

图 5-47　选择主分区　　　　　　　图 5-48　格式化设置

（3）返回 PartitionMagic 主界面，选择划分好的逻辑分区。单击鼠标右键，在弹出的快捷菜单中选择"Format"命令，如图 5-49 所示。

（4）打开"Format Partition"对话框，在"Partition Type"下拉列表框中选择该分区的文件格式类型，在"Label"文本框中输入该分区的名称，在"Type OK to confirm partition format"文本框中输入"OK"，单击 ok 按钮，如图 5-50 所示。

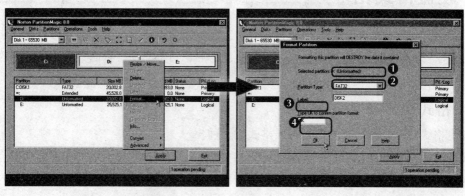

图 5-49　选择逻辑分区　　　　　　　图 5-50　格式化设置

（5）返回 PartitionMagic 主界面，选择最后一个划分好的逻辑分区。单击鼠标右键，在弹出的快捷菜单中选择"Format"命令，如图 5-51 所示。

（6）打开"Format Partition"对话框，在"Partition Type"下拉列表框中选择该分区的

文件格式类型，在"Label"文本框中输入该分区的名称，在"Type OK to confirm partition format"文本框中输入"OK"，单击 OK 按钮，如图 5-52 所示。

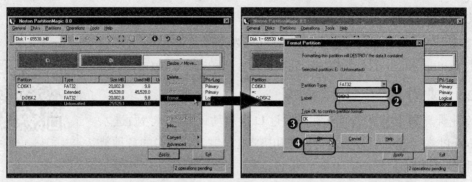

图 5-51　选择其他分区　　　　　图 5-52　格式化设置

（7）返回 PartitionMagic 主界面，可以看到格式化的所有分区。单击 Apply 按钮，打开"Apply Change"提示框，单击 Yes 按钮，如图 5-53 所示。

（8）打开"Bath Progress"对话框，执行所有的操作并显示进度，如图 5-54 所示。

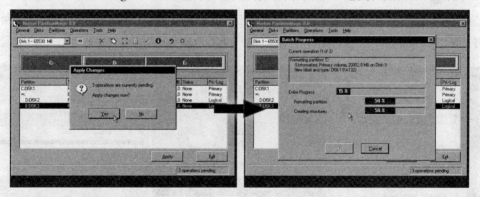

图 5-53　执行操作　　　　　　图 5-54　显示进度

（9）完成后，在"Bath Progress"对话框中显示已完成所有操作，单击 OK 按钮，如图 5-55 所示。

（10）返回 PartitionMagic 主界面，单击 Exit 按钮，完成硬盘格式化的所有操作，如图 5-56 所示。

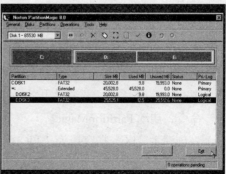

图 5-55　完成操作　　　　　　图 5-56　完成格式化

5.5 项目实训：使用 U 盘启动计算机并分区和格式化

5.5.1 实训目标

本实训的目标是通过 U 盘启动计算机，然后利用 Windows PE 系统中的 PartitionMagic 对计算机中的硬盘进行分区和格式化操作。

微课视频

使用 U 盘启动计算机并分区和格式化

5.5.2 专业背景

专业计算机组装人员通常都是通过 U 盘启动计算机，然后进入 Windows PE 操作系统对硬盘进行分区和格式化，并通过其中的各种装机软件为计算机安装系统。

Windows PE（Windows PreInstallation Environment，Windows 预安装环境）不是计算机上的主要操作系统，而是作为独立的预安装环境，以及其他安装程序和恢复技术的完整组件使用的。通过 U 盘启动的 Windows PE 是用 Windows PE 定义制作的操作系统，可直接使用。

5.5.3 操作思路

完成本实训主要包括制作 U 盘启动盘、进入 Windows PE 与分区和格式化硬盘 3 大步操作，其操作思路如图 5-57 所示。

①制作 U 盘启动光盘　　　②进入 Windows PE　　　③分区和格式化硬盘

图 5-57　操作思路

【步骤提示】

（1）到大白菜官网（http://www.winbaicai.com/）下载 U 盘制作工具，并将其安装到 U 盘中。

（2）进入 BIOS，进入高级 BIOS 特性设置界面，将"First Boot Device"选项设置为"USB"，保存并退出。

（3）重新启动计算机，打开大白菜启动菜单，选择"运行 Windows PE"选项。进入 Windows PE 系统，选择【开始】/【所有程序】/【装机工具】/【PartitionMagic】命令，启动 PartitionMagic。

（4）先创建主分区，其容量为"40GB"，然后将整个硬盘剩余的空间平均分为 3 个逻辑分区。

（5）分区完成后，分别对分区进行格式化操作。

5.6 课后练习

本章主要介绍了 BIOS 的类型、BIOS 的基本功能和基本操作、BIOS 和 CMOS 的区别、如何设置 BIOS、常见的 BIOS 设置、认识硬盘分区、硬盘分区的操作和硬盘分区的格式化等知识。读者应认真学习和掌握本章的内容，为后面安装操作系统打下良好的基础。

（1）在计算机中进入 BIOS，设置日期和时间为 2017 年 1 月 1 日。

（2）在计算机中设置 BIOS 的 Set Supervisor Password 密码。

（3）在计算机中设置 BIOS 的 Set User Password 密码，然后使用 Supervisor Password 密码尝试能否将其取消。

（4）在计算机中设置开机顺序为光驱→ USB →硬盘。

（5）在计算机中使用 PartitionMagic 对硬盘进行分区，要求划分 2 个主分区、1 个逻辑分区，然后对这些分区进行格式化。

（6）尝试使用其他软件对硬盘进行分区和格式化操作，如 Fdisk 或 DiskGenius。

5.7 技巧提升

1. BIOS 的通用密码

若忘记已设置的密码，无法进入 BIOS，可试试 BIOS 厂商的通用密码。为方便工程人员使用，厂商一般都会设置一个 BIOS 通用密码，无论用户设置什么密码，该通用密码都能进入 BIOS 进行设置。AMI BIOS 的通用密码是 "AMI（仅适用于 1992 年以前的版本）"，Award BIOS 的通用密码是 "Award" "H996" "WANTGIRL" 和 "Syxz" 等（注意区分大小写）。另外，可以对主板进行放电处理，将主板中的 CMOS 电池取下并等待 5 分钟以上，然后再将电池放回原位。

2. 设置 U 盘启动

不同主板设置 U 盘启动的方法有所不同。总的来说，BIOS 设置从 U 盘启动并不复杂。首先是进入 BIOS，进入高级设置；然后找到启动项设置，之后选择 U 盘即可；最后保存退出，计算机自动重启，即可进入 U 盘。下面介绍几种最常见的方法。

● **Phoenix-AwardBIOS 主板（适合 2010 年之后的主流主板）**：启动计算机，进入 BIOS 设置界面。选择 "Advanced BIOS Features" 选项，在 "Advanced BIOS Features" 界面里，选择 "Hard Disk Boot Priority" 选项。进入 BIOS 开机启动项优先级选择，选择 "USB-FDD" 或者 "USB-HDD" 之类的选项（计算机会自动识别插入计算机中的 U 盘），如图 5-58 所示。

● **Phoenix-AwardBIOS 主板（适合 2010 年之后的主流主板）**：启动计算机，进入 BIOS 设置界面。选择 "Advanced BIOS Features" 选项，在 "Advanced BIOS Features" 界面里，选择 "First Boot Device" 选项。在打开的界面中选择 "USB-FDD" 选项，如图 5-59 所示。

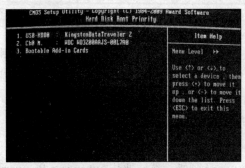

图 5-58 设置 U 盘启动

图 5-59 选择启动设备（一）

● 其他的一些 BIOS：启动计算机，进入 BIOS 设置界面，按方向键选择"Boot"选项。在"Boot"界面里，选择"Boot Device Priority"选项，然后选择"1st Boot Device"选项。在该选项里选择插入计算机中的 U 盘作为第一启动设备，如图 5-60 所示。

图 5-60 选择启动设备（二）

3. 制作 U 盘启动盘

如今 U 盘也成为一种安装操作系统的工具。只需要使用一些专业软件将 U 盘制作成启动盘，然后制作 Windows XP/7/8/10 操作系统的镜像文件放入 U 盘，最后再安装即可，整个过程十分简单。下面就介绍制作 U 盘启动盘的具体操作步骤。

（1）准备 U 盘，最好选用 8GB~16GB 容量，大容量 U 盘可以同时保存多种操作系统的镜像文件，方便后期随意选择系统进行安装。

（2）然后将 U 盘插入计算机中，下载 U 盘启动制作工具。目前网上有很多 U 盘启动制作工具，比如老毛桃、大白菜和 U 大师等。下面以 U 大师 U 盘启动制作工具软件为例进行讲解，先下载再安装。

（3）运行"U 大师 –U 盘启动制作工具 .exe"文件，在"选择 U 盘"下拉列表框中选择对应的 U 盘作为启动盘，单击"一键制作 USB 启动盘"按钮。

（4）打开提示框，提示 U 盘重要数据备份。若 U 盘有重要数据则可以先单独备份，避免数据丢失；若已经备份则单击 确定 按钮，开始制作 USB 启动盘。

（5）制作 USB 启动盘的时候会将 U 盘原先的数据格式化，制作完成之后会打开提示框，单击 确定 按钮即可。将 U 盘安全删除并拔出，此时 U 盘即可当作启动盘来使用。

CHAPTER 6

第6章
安装操作系统和常用软件

情景导入

　　终于完成了硬盘的分区和格式化操作，米拉可以开始为计算机安装操作系统和各种软件了。公司购买了正版的 Windows 7 操作系统安装光盘。于是她把公司的 USB 外接光驱连接到计算机中，并将安装光盘放入光驱，开始安装操作系统和常用软件……

学习目标

- 掌握安装操作系统的相关操作。
  　　如安装操作系统的前期准备工作、安装 Windows 7 操作系统的详细过程等。
- 掌握安装和卸载常用软件的操作。
  　　如安装计算机的各种驱动程序，安装常用的软件，卸载软件等。

案例展示

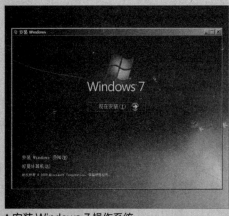

▲ 安装 Windows 7 操作系统

▲ 安装驱动程序

6.1 安装操作系统

米拉了解到，在安装操作系统前，应该先询问计算机用户，需要使用哪种操作系统，然后再按其要求进行安装。

操作系统是计算机软件的核心，是计算机能正常运行的基础。没有操作系统，计算机将无法完成任何工作，其他应用软件只能在安装了操作系统后再进行安装，没有操作系统的支持，应用软件也不能发挥作用。Windows 系列操作系统是目前的主流操作系统，使用较多的版本是 Windows XP、Windows 7 和 Windows 10，本章主要以 Windows 7 为例进行讲解。

6.1.1 了解安装前的准备工作

在安装操作系统前，主要有 3 个需要注意的事项：一是选择安装的方式；二是查看计算机的配置是否符合安装的最低硬件配置要求；三是选择安装操作系统的版本，并购买一张正版操作系统安装光盘。

1. 选择安装方式

Windows 操作系统有升级安装和全新安装两种安装方式。

● **升级安装**：升级安装是在计算机中已安装有操作系统的情况下，将其升级为更高版本的操作系统。由于升级安装会保留已安装系统的部分文件，为避免旧系统中的问题遗留到新的系统中，建议删除旧系统，使用全新安装的方式。

● **全新安装**：全新安装是在计算机中没有安装任何操作系统的基础上安装一个全新的操作系统。

2. 了解安装硬件配置

Windows 操作系统对于计算机的硬件配置要求可分为两种：一种是 Microsoft 官方要求的最低配置，另一种是能够得到较满意运行效果的推荐配置（工作中建议采用）。

Windows 7 操作系统配置的具体要求如下。

● **CPU**：1GHz 或更快的 32 位（x86）或 64 位（x64）。

● **内存**：1GB RAM（32 位）或 2GB RAM（64 位）。

● **硬盘**：16 GB 可用硬盘空间（32 位）或 20 GB 可用硬盘空间（64 位）。

● **光盘驱动器**：DVD-ROM 光驱。

● **显卡**：DirectX 9 图形设备（WDDM 1.0 或更高版本的驱动程序）。

3. 选择操作系统版本

Windows 7 操作系统有 6 个版本：包括 Windows 7 Starter（初级版）、Windows 7 Home Basic（家庭普通版）、Windows 7 Home Premium（家庭高级版）、Windows 7 Professional（专业版）、Windows 7 Enterprise（企业版）和 Windows 7 Ultimate（旗舰版）。不同的版本功能、定位和价格等都不同，根据需要选择即可。Windows 7 Ultimate 是 Windows 7 各版本中最为灵活、强大的一个版本，也是目前用的最多的版本之一，如图 6-1 所示。

操作系统的位数

　　操作系统的位数与 CPU 的位数是一个意思，计算机是软硬件相配合才能发挥最佳性能的，比如，在 64 位 CPU 的计算机中需要安装 64 位的操作系统，32 位的操作系统则是不能用的。

图 6-1　Windows 7 Ultimate（旗舰版）

6.1.2　安装 Windows 7 操作系统

　　下面通过 Windows 7 的安装光盘全新安装 Windows 7 操作系统，其具体操作如下。

微课视频
安装 Windows 7 操作系统

（1）将 Windows 7 的安装光盘放入光驱，启动计算机后将自动运行光盘中的安装程序。这时将对光盘进行检测，屏幕中将显示安装程序正在载入安装需要的文件，如图 6-2 所示。

（2）文件复制完成后将运行 Windows 7 的安装程序，在打开的窗口中进行设置，这里保持默认设置，单击 下一步(N) 按钮，如图 6-3 所示。

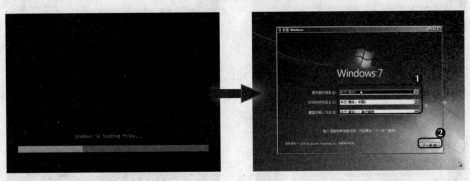

图 6-2　载入光盘文件　　　　　　　图 6-3　设置系统语言

职业素养

安装正版操作系统

　　虽然可以通过 Ghost 软件快速安装操作系统，但通过正版安装光盘进行安装才能得到最纯净、最安全的操作系统，这也是对每一位计算机用户的基本要求。对于每一位计算机组装和维护人员而言，懂得安装各种类型的操作系统是一项必备技能，而通过安装光盘安装系统则是这项技能的基础。

（3）在打开的对话框中单击"现在安装"按钮，安装 Windows 7，如图 6-4 所示。

（4）打开"请阅读许可条款"对话框，单击选中"我接受许可条款"复选框，单击 下一步(N) 按钮，如图 6-5 所示。

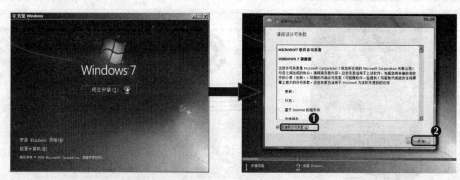

图6-4　开始安装　　　　　　　　　　　图6-5　接受许可条款

（5）打开"您想进行何种类型的安装"对话框，单击相应的选项，如图6-6所示。

（6）在打开的"您想将Windows安装在何处"对话框中选择安装Windows 7的磁盘分区，单击 下一步(N) 按钮，如图6-7所示。

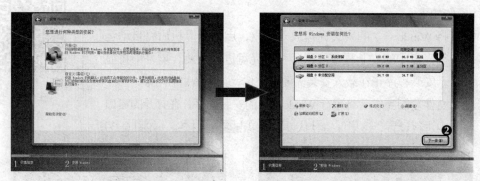

图6-6　选择安装类型　　　　　　　　　图6-7　选择安装的磁盘分区

（7）在打开的"正在安装Windows"对话框中将显示安装进度，如图6-8所示。

（8）在安装过程中将显示一些安装信息，包括更新注册表设置和正在启动服务等，用户只须等待自动安装即可，如图6-9所示。

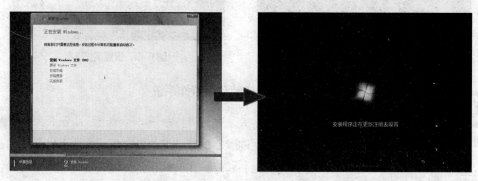

图6-8　正在安装　　　　　　　　　　　图6-9　更新注册表

（9）在安装复制文件的过程中会要求重启计算机，约10秒后会自动重启。重启后将继续进行安装，图6-10所示表示正在进行最后的安装。

（10）安装完成后将提示安装程序将在重启计算机后继续进行安装，如图6-11所示。

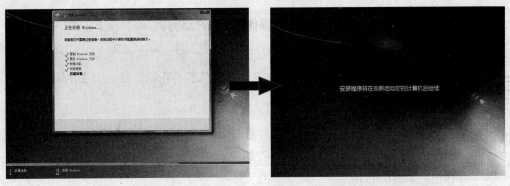

图 6-10　继续安装	图 6-11　重启计算机

（11）重启计算机后，将打开设置用户名的对话框，在"键入用户名"文本框中输入用户名，在"键入计算机名称"文本框中输入该台计算机在网络中的标识名称。单击 下一步(N) 按钮，如图 6-12 所示。

（12）在打开的"为账户设置密码"对话框的"键入密码""再次键入密码"和"键入密码提示"文本框中输入用户密码和密码提示。单击 下一步(N) 按钮，如图 6-13 所示。

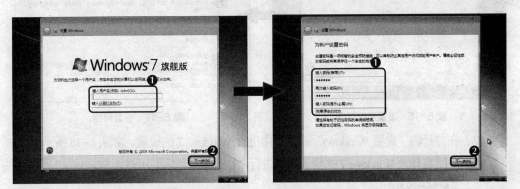

图 6-12　设置用户名	图 6-13　设置密码

（13）打开"键入您的 Windows 产品密钥"对话框，在"产品密钥"文本框中输入产品密钥，单击选中"当我联机时自动激活 Windows"复选框。单击 下一步(N) 按钮，如图 6-14 所示。

（14）在打开的"帮助自动保护 Windows"对话框中设置系统保护与更新，选择"使用推荐设置"选项，如图 6-15 所示。

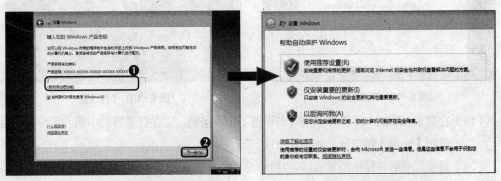

图 6-14　输入产品密钥	图 6-15　设置自动更新

知识提示

操作系统的产品密钥

产品密钥就是软件的产品序列号，一般在安装光盘包装盒的背面。正版操作系统的安装光盘背面有一张黄色的不干胶贴纸，上面的 25 位数字和字母的组合就是产品密匙。

（15）打开"查看时间和日期设置"对话框，在"时区"下拉列表框中选择"(UTC+08:00)北京，重庆，香港特别行政区，乌鲁木齐"选项，然后设置正确的日期和时间。单击 下一步(N) 按钮，如图 6-16 所示。

（16）在打开的"请选择计算机当前的位置"对话框中设置计算机当前所在位置，这里选择"公共场所"选项，如图 6-17 所示。

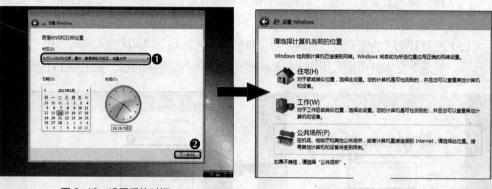

图 6-16　设置系统时间　　　　　图 6-17　设置网络

（17）在打开的"设置 Windows"对话框中进行 Windows 7 的设置，如图 6-18 所示。

（18）此时将登录 Windows 7 并显示正在进行个性设置，稍后即可进入 Windows 7 操作系统，如图 6-19 所示。

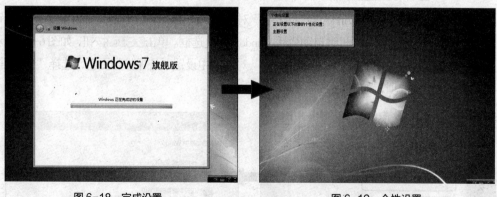

图 6-18　完成设置　　　　　　　图 6-19　个性设置

（19）在登录 Windows 7 操作系统时若设置了用户密码，需在登录界面中输入用户密码后，再按【Enter】键登录，如图 6-20 所示。

（20）登录完成后将显示出 Windows 7 操作系统的系统桌面，至此基本完成 Windows 7 的安装，如图 6-21 所示。

图 6-20 登录系统	图 6-21 显示桌面

激活操作系统

　　所有的正版 Windows 操作系统都只有 30 天的试用期，没有连接 Internet 则不能进行激活。对于没有激活的系统，当 30 天试用期过后，除了激活功能之外其他所有功能都将被禁用。

（21）单击"开始"按钮，在打开的菜单中的"计算机"命令上单击鼠标右键，在弹出的快捷菜单中选择"属性"命令，如图 6-22 所示。

（22）打开"系统"窗口，在下面的"Windows 激活"栏中，单击"更改产品密钥"超链接，如图 6-23 所示。

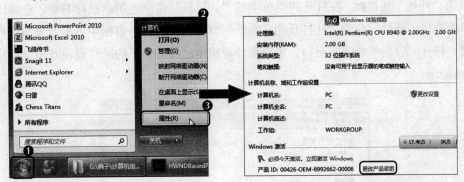

图 6-22 选择操作	图 6-23 更改产品密钥

操作系统的激活方式

　　激活 Windows 操作系统的方式有两种：一种是普通激活，则必须使计算机连接到 Internet，通过产品密钥进行激活；另一种是电话激活，则可致电客服代表，号码可以在光盘包装盒的背面找到。激活操作最好由计算机用户自行操作。

（23）打开"Windows 激活"对话框，在"产品密钥"文本框中输入产品密钥。单击 下一步(N) 按钮，如图 6-24 所示。

（24）操作系统开始进行激活操作，这个过程大约需要几分钟，且需要计算机连接到

Internet。完成后返回"系统"窗口，在下面的"Windows 激活"栏中显示操作系统已激活，如图 6-25 所示。

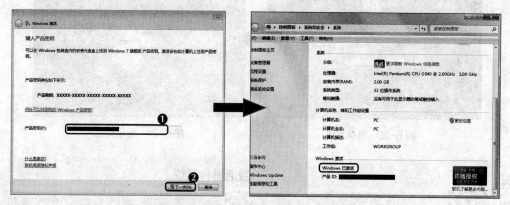

图 6-24　输入产品密钥　　　　　　图 6-25　完成激活

6.2　安装系统驱动程序

驱动程序是设备驱动程序（Device Driver）的简称，它是添加到操作系统中的一小段代码，作用是向操作系统解释如何使用该硬件设备，其中包含有关硬件设备的信息。如果没有驱动程序，计算机中的硬件就无法正常工作。

单击"开始"按钮🔲，在打开的菜单中的"计算机"命令上单击鼠标右键。在弹出的快捷菜单中选择"属性"命令，在打开的"系统"窗口左侧的任务窗格中单击"设备管理器"超链接。打开"设备管理器"窗口，可查看计算机中已经安装了的硬件设备及驱动程序，如图 6-26 所示。

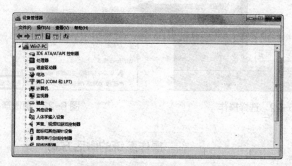

图 6-26　"设备管理器"窗口

6.2.1　驱动程序的获取方式

获取硬件驱动程序主要有两种方式：一是购买硬件时附带的安装光盘；二是从网上下载。

1．安装光盘

在购买硬件设备时，在其包装盒内通常会附带一张安装光盘，通过该光盘便可进行硬件设备的驱动安装。用户需妥善保管驱动程序的安装光盘，方便以后重装系统时再次安装驱动程序，图 6-27 所示为主板盒中的驱动光盘和说明书。

2．网络

网络已经成为人们工作和生活的一部分，在网络中可方便地获取各种资源，驱动程序也不例外，通过网络可查找和下载各种硬件设备的驱动程序。在网上主要可通过以下两种方式获取硬件的驱动程序。

● **访问硬件厂商的官方网站**：当硬件的驱动程序有新版本发布时，在其官方网站都可找到。

● **访问专业的驱动程序下载网站**：最著名的专业驱动程序下载网站是"驱动之家"（http://drivers.mydrivers.com/），在该网站中几乎能找到所有硬件设备的驱动程序，并且有多个版本供用户选择，如图 6-28 所示。

图 6-27　主板驱动光盘和说明书　　　　图 6-28　驱动下载网站

3．选择驱动程序的版本

同一个硬件设备的驱动程序在网上会有很多版本，如公版、非公版、加速版、测试版和WHQL 版等，用户可以根据需要及硬件的具体情况，下载不同的版本进行安装。

● **公版**：公版是由硬件厂商开发的驱动程序，具有最大的兼容性，适合使用该硬件的所有产品。如 NVIDIA 官方网站下载的所有显卡驱动都属于公版。

● **非公版**：非公版是由硬件厂商为其生产的产品量身定做的驱动程序，这类驱动程序会根据具体硬件产品的功能进行改进，并加入一些调节硬件属性的工具，最大限度地提高该硬件产品的性能。只有微星和华硕等知名大厂才具有实力开发这类驱动。

● **加速版**：加速版是由硬件爱好者对公版驱动程序进行改进后产生的版本，其目的是使硬件设备的性能达到最佳，不过其兼容性和稳定性要低于公版和非公版驱动程序。

● **测试版**：硬件厂商在发布正式版驱动程序前会提供测试版驱动程序供用户测试。这类驱动分为 Alpha 版和 Beta 版，其中 Alpha 版是厂商内部人员自行测试版本，Beta版是公开测试版本。此类驱动程序的稳定性未知，适合喜欢尝新的用户。

● **WHQL 版**：WHQL（Windows Hard-ware Quality Labs，Windows 硬件质量实验室）主要负责测试硬件驱动程序的兼容性和稳定性，验证其是否能在 Windows 系列操作系统中稳定运行。该版本的特点就是通过了 WHQL 认证，最大限度地保证了操作系统和硬件的稳定运行。

6.2.2 安装驱动程序

Windows 7 操作系统通常会自动识别计算机的各个硬件并安装驱动程序，但为了保证充分发挥各个硬件的性能，通常都需要利用安装光盘为显卡和主板等安装驱动程序。

1．安装光盘中的驱动程序

下面就以安装某款显卡光盘驱动程序为例，介绍安装光盘中的驱动程序的方法，其具体操作如下。

微课视频

安装光盘中的驱动程序

（1）将显卡驱动光盘放入光驱，操作系统自动启动显卡驱动的安装程序，单击"简易安装"超链接，如图 6-29 所示。

（2）进入驱动版本选择界面，单击"Windows 7/8/8.1/Vista"超链接，如图 6-30 所示。

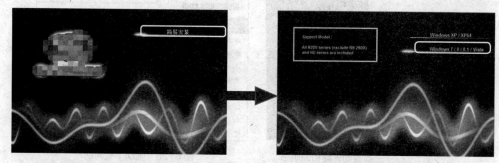

图 6-29　显卡驱动安装程序　　　　　图 6-30　选择驱动版本

（3）打开安装显卡驱动程序的"欢迎"对话框，在其中选择显卡支持的语言，这里保持默认设置。单击 下一步(N) 按钮，如图 6-31 所示。

（4）打开"选择安装操作"对话框，在"您想要做什么呢？"栏中单击"安装"按钮，如图 6-32 所示。

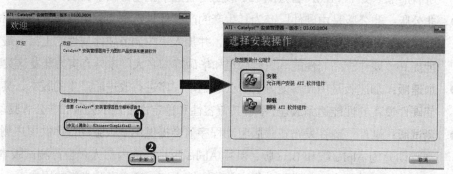

图 6-31　设置语言　　　　　　　　　图 6-32　选择操作

（5）打开"欢迎使用安装程序"对话框，在"欢迎"栏中单击选中"快速"单选项，在下面的文本框中输入驱动程序的安装位置，通常是保持默认。单击 下一步(N) 按钮，如图 6-33 所示。

（6）打开"最终用户许可协议"对话框，阅读软件的许可协议。单击 接受(A) 按钮，如图 6-34 所示。

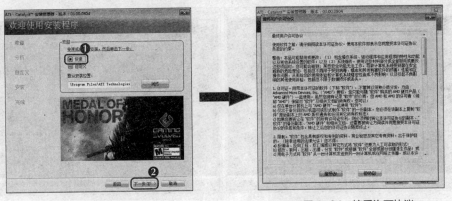

| 图 6-33 选择安装方式 | 图 6-34 接受许可协议 |

（7）开始安装显卡的驱动程序，并显示进度，如图 6-35 所示。

（8）打开"完成"对话框，显示已经完成显卡驱动程序的安装操作。单击 完成 按钮，如图 6-36 所示。

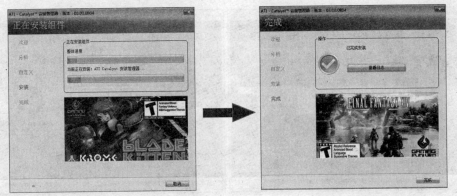

| 图 6-35 安装过程 | 图 6-36 完成安装 |

（9）安装完显卡驱动后，通常需要重新启动计算机，才能完全发挥显卡驱动程序的性能。

2.安装网上下载的驱动程序

网上下载的驱动程序通常保存在硬盘或 U 盘中，直接找到并启动其安装程序即可进行安装。下面就以安装网上下载的声卡驱动程序为例进行介绍，其具体操作如下。

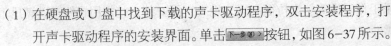
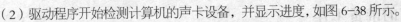

微课视频

安装网上下载的驱动程序

（1）在硬盘或 U 盘中找到下载的声卡驱动程序，双击安装程序，打开声卡驱动程序的安装界面。单击 下一步(N) 按钮，如图 6-37 所示。

（2）驱动程序开始检测计算机的声卡设备，并显示进度，如图 6-38 所示。

驱动程序的安装文件

从网上下载的安装文件通常会进行压缩，用户在安装时需找到启动安装文件的可执行文件，其名称一般为"setup.exe"或"install.exe"，有的还可能以软件名称命名。

图 6-37　开始安装

图 6-38　检测声卡

（3）检测完毕，开始安装声卡驱动程序，如图 6-39 所示。

（4）安装完成后，需要重新启动计算机，保持默认设置。单击 完成 按钮，如图 6-40 所示，重新启动计算机后，完成声卡驱动程序的安装操作。

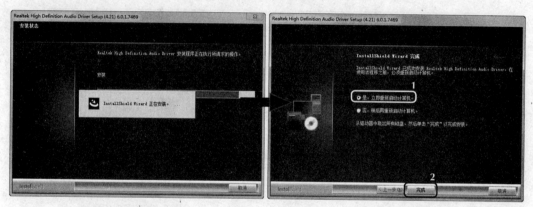

图 6-39　安装声卡驱动　　　　　　　　　　　　图 6-40　重启计算机

6.3　安装常用软件

　　米拉完成了所有驱动程序的安装，打开计算机成功进入系统，并对计算机中的一些程序进行了应用，如用 Windows 自带的媒体播放器播放视频或音乐，使用画图程序绘制图画，使用记事本程序记录工作安排等。米拉很高兴，她决定再安装一些常用软件，以满足工作和日常计算机维护的需要。

6.3.1　安装前的准备工作

　　安装常用软件前需要了解一些基本知识，包括软件的获取方式、安装方式和软件的版本等。

1．软件的获取方式

　　常用软件获取的途径主要有两种，分别是从网上下载软件安装文件和购买软件安装光盘。

●　**网上下载**：许多软件开发商会在网上公布一些共享软件和免费软件的安装文件，用户只需要到软件下载网站上查找并下载这些安装文件即可。

● **购买安装光盘**：到正规的软件商店或网上购买正版的软件安装光盘，不但软件的质量有保证，还能享受升级服务和技术支持，这对计算机的正常运行很有帮助。

2．软件的安装方式

软件安装主要包括通过向导安装和解压安装两种方式。

● **通过向导安装**：在软件专卖店购买的软件，均采用向导安装的方式进行安装。这类软件的特点是可运行相应的可执行文件启动安装向导，然后在安装向导的提示下进行安装。

● **解压安装**：在网络中下载的软件，由于网络传输速度方面的原因，一般都会制作成压缩包。这类软件使用解压缩软件解压到一个目录后，一些需要通过安装向导进行安装，另一些（如绿色软件）直接运行主程序就可启动软件。

3．软件的版本

了解软件的版本有助于选择适合的软件，常见的软件版本主要包括以下几种。

● **测试版**：软件的测试版表示软件还在开发中，其各项功能并不完善，也不稳定。开发者会根据使用测试版用户反馈的信息对软件进行修改，通常这类软件会在软件名称后面注明是测试版或 Beta 版。

● **试用版**：试用版是软件开发者将正式版软件有限制地提供给用户使用的版本，如果用户觉得软件符合使用要求，可以通过付费的方法解除限制的版本。试用版又分为全功能限时版和功能限制版。

● **正式版**：正式版是正式上市，用户通过购买即可使用的版本，它经过开发者测试已经能稳定运行。对于普通用户来说，应该尽量选用正式版的软件。

● **升级版**：升级版是软件上市一段时间后，软件开发者在原有功能基础上增加的部分功能，并修复已经发现的错误和漏洞，然后推出的更新版本。安装升级版需要先安装软件的正式版，然后在其基础上安装更新或补丁程序。

6.3.2　安装软件

软件的类型虽然很多，但其安装过程却大致相似。下面就以安装从网上下载的驱动人生软件为例，讲解安装软件的基本方法，其具体操作如下。

微课视频

安装软件

（1）双击安装程序，打开程序的安装界面，单击选中"同意驱动人生6的许可协议"复选框，在"安装目录"和"备份目录"文本框中设置程序的安装位置和驱动程序的备份位置。单击 立即安装 按钮，如图6-41所示。

（2）开始安装驱动人生软件，并显示进度，如图6-42所示。

（3）安装完成后将给出提示，单击 立即体验 按钮，如图6-43所示。

（4）直接启动该软件，进入其操作界面，如图6-44所示。

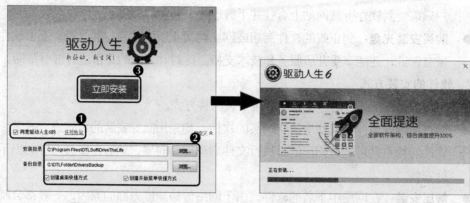

图 6-41　开始安装

图 6-42　安装进度

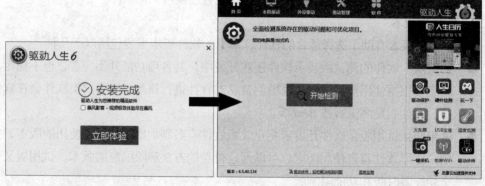

图 6-43　完成安装

图 6-44　软件操作界面

6.3.3　卸载软件

　　用户在使用了安装的应用软件后，若对其不满意或不需要再使用该应用软件时，还可以将其从计算机中卸载，以释放磁盘空间。卸载软件的操作通常都在"控制面板"窗口中进行。下面以卸载 360 驱动大师软件为例介绍卸载软件的方法，其具体操作如下。

微课视频

卸载软件

　　（1）单击"开始"按钮![icon]，在打开的菜单中选择"控制面板"命令，如图 6-45 所示。

　　（2）打开"控制面板"窗口，在"程序"选项中单击"卸载程序"超链接，如图 6-46 所示。

　　（3）打开"卸载或更改程序"窗口，在右下角的列表框中选择"360 驱动大师"选项。单击![卸载/更改]按钮，如图 6-47 所示。

　　（4）打开"360 驱动大师 卸载"对话框，单击选中"我要直接卸载 360 驱动大师"单选项。单击![继续]按钮，如图 6-48 所示。

　　（5）打开提示框，询问是否删除备份，单击![是(Y)]按钮，如图 6-49 所示。

　　（6）完成 360 驱动大师软件的卸载操作，单击![完成]按钮，如图 6-50 所示。

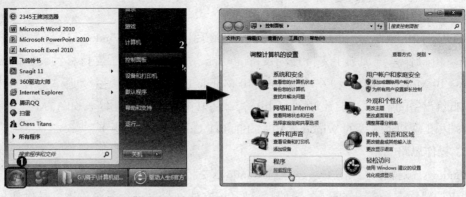

图 6-45 打开"开始"菜单　　　　　　　　图 6-46 选择操作

图 6-47 选择卸载的程序　　　　　　　　图 6-48 开始卸载

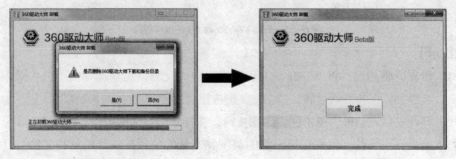

图 6-49 删除备份　　　　　　　　　图 6-50 完成卸载

6.4 项目实训

　　本章通过安装操作系统、安装系统驱动程序和安装常用软件 3 个课堂案例,讲解了安装操作系统和常用软件的相关知识。下面通过两个项目实训,对本章学习的知识进行巩固和应用。

6.4.1 安装 Windows 10 操作系统

1. 实训目标

　　为计算机安装一块新的硬盘,在对硬盘进行分区和格式化操作之后,全新安装 Windows 10 操作系统。

微课视频

安装 Windows 10
操作系统

2．专业背景

Windows 10 操作系统是 Microsoft 发布的最后一个独立 Windows 操作系统版本。Windows 10 操作系统加强了支持移动设备的功能，并单独推出了支持移动设备的版本：Windows 10 Mobile（移动版）和 Windows 10 Mobile Enterprise（企业移动版），还推出了面向小型低价设备的版本，主要针对物联网设备，或者功能更加强大的设备，如 ATM、零售终端、手持终端和工业机器人等的 Windows 10 Mobile IoT Core（物联网版）。

3．操作思路

Windows 10 操作系统的安装过程与 Windows 7 相差不大，首先要输入产品密钥，同意安装协议；然后选择安装的分区，复制各种系统文件；最后进行系统设置，其操作思路如图 6-51 所示。

①开始安装 ②完成安装

图 6-51 安装 Windows 10 的操作思路

【步骤提示】

（1）设置光驱启动，将 Windows 8 正版光盘放入光驱，启动计算机，进入操作系统安装界面，保持默认设置，单击 下一步(N) 按钮。

（2）打开安装对话框，单击 现在安装(I) 按钮，在打开的对话框中输入产品密钥。

（3）接受许可条款，然后选择安装的类型和安装的位置，并开始复制文件，复制完成后重新启动计算机。

（4）开始个性化设置，包括颜色和计算机名称，也可以使用快速设置。

（5）进行网络设置，然后进行安全隐私设置和登录设置。

（6）进入登录界面，输入设置的登录信息，即可进入 Windows 10 操作系统界面。

6.4.2 安装双操作系统

1．实训目标

要求在一台计算机中同时安装 Windows XP 和 Windows 7 两个操作系统，进一步巩固安装操作系统和安装软件的操作。

2．专业背景

安装多操作系统的目的是根据各操作系统的特点，充分发挥操作

微课视频

安装双操作系统

系统的作用。例如，家庭和企业常常使用 Windows 7 或 Windows XP 操作系统；平板电脑等移动设备用户，则可能采用 Windows 8 或 Windows 10 操作系统。由于 Windows 系列的操作系统各具优点，因此安装多操作系统不但可以让用户体验不同操作系统的特点，还可方便用户在不同的场合下选择最适合的操作系统。

3. 操作思路

完成本实训主要包括安装 Windows XP、设置安装第二个操作系统、安装 Windows 7 三大步操作，安装完成后即可看到双系统启动菜单，其操作思路如图 6-52 所示。

①安装 Windows XP　　　　②设置安装第二个操作系统　　　　③安装 Windows 7

图 6-52　安装双系统的操作思路

【步骤提示】

（1）按照前面的方法安装 Windows XP 操作系统。进入 Windows XP 操作系统，打开"我的电脑"窗口，单击选择各个磁盘，在左侧下方可以查看磁盘的文件格式和可用空间大小，准备将 Windows 7 安装到最后一个分区。

（2）将 Windows 7 的安装光盘放入光驱，在打开的安装对话框中单击 现在安装(I) 按钮。打开"获取安装的重要更新"对话框，单击"不获取最新安装更新"选项。

（3）打开"请阅读许可条款"对话框，单击选中"我接受许可条款"复选框，单击 下一步(N) 按钮。

（4）打开"您想进行何种类型的安装"对话框，选择"自定义（高级）"选项。打开选择安装分区的对话框，选择 Windows 7 要安装的逻辑分区 5，即最后一个硬盘分区，单击 下一步(N) 按钮。

（5）在打开的"正在安装 Windows"对话框中显示安装进度，接下来开始正式安装 Windows 7 操作系统，需要设置用户名、时间和密码等，只需要按照安装向导提示操作即可。

（6）完成双系统的安装后重启计算机，在启动过程中将显示启动菜单，用户可以选择启动"早版本的 Windows"，即 Windows XP，或选择启动 Windows 7。

6.5　课后练习

本章主要介绍了安装操作系统、驱动程序和常用软件等知识。对于本章的内容，读者应认真学习和掌握。

（1）简述安装 Windows 7 操作系统的计算机推荐配置。

（2）分别尝试在台式计算机和笔记本电脑上安装 Windows 7 操作系统。

（3）简述显卡驱动程序的安装过程。

（4）在驱动之家网站的驱动中心网页（http://drivers.mydrivers.com/）中搜索并下载显卡的最新驱动程序，然后将下载的驱动程序安装到计算机中。

（5）在计算机中安装一个 QQ 交流软件和 Office 2013 办公软件，熟悉安装软件的方法。

（6）在计算机上删除不需要的软件，以节省更多的磁盘空间。

（7）在计算机中安装一个双操作系统（自行选择系统版本）。

6.6 技巧提升

1. 设置 ADSL 上网连接

单击"开始"按钮，在打开的菜单中选择"控制面板"命令。打开"控制面板"窗口，在"网络和Internet"选项中单击"查看网络状态和任务"超链接。打开"网络和共享中心"窗口，在"更改网络设置"栏中单击"设置新的连接或网络"超链接。打开"设置连接或网络"对话框，在"选择一个连接选项"栏中选择"连接到 Internet"选项，单击 下一步(N) 按钮。打开"您想如何连接"对话框，选择"宽带（PPPoE）"选项。打开"连接到 Internet"对话框，在"用户名"和"密码"文本框中输入 ADSL 宽带的对应信息。单击 连接(C) 按钮，即可将计算机通过 ADSL 连接到 Internet。

2. 设置无线上网

设置计算机无线上网，需要在计算机安装无线网卡，且计算机处于无线网络的信号范围之内（也就是通常所说的有 Wi-Fi）。然后单击"开始"按钮，在打开的菜单中选择"控制面板"命令。打开"控制面板"窗口，在"网络和 Internet"选项中单击"查看网络状态和任务"超链接。打开"网络和共享中心"窗口，在"更改网络设置"栏中单击"设置新的连接或网络"超链接。打开"设置连接或网络"对话框，在"选择一个连接选项"栏中选择"连接到 Internet"选项，单击 下一步(N) 按钮。打开"您想如何连接"对话框，选择"无线"选项，计算机开始搜索无线网络，并在操作系统桌面右下角的通知栏中显示搜索到的无线网络。选择需要连接的无线网络，单击 连接(C) 按钮即可连接到 Internet。如果该无线网络设置了密码，则打开"键入网络安全密钥"对话框，在"安全密钥"文本框中输入密码，单击 确定 按钮即可连接到 Internet。

CHAPTER 7

第 7 章
计算机系统备份与优化

情景导入

在完成了计算机操作系统和各种驱动、软件的安装后，米拉大大松了一口气。但一位计算机高手却告诉她，还有一项非常重要的操作需要进行，那就是对计算机系统进行备份，当系统出现故障时，可以利用备份将计算机系统快速恢复到备份时的正常状态。

学习目标

● 掌握备份操作系统的相关操作。

如利用 Ghost 软件备份操作系统、利用 Ghost 软件还原操作系统等。

● 掌握优化操作系统的相关操作。

如备份与还原注册表、优化系统启动与关闭的速度、优化内核、优化系统服务、利用专业软件优化操作系统等。

案例展示

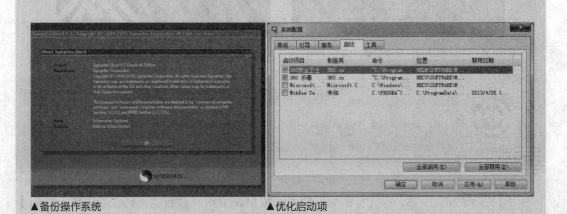

▲备份操作系统　　　　　　　▲优化启动项

7.1 安装操作系统

米拉了解到，备份系统最好在安装完驱动程序后就进行，这时的系统最干净，也最不容易出现问题。当然现在很多时候是在安装完各种软件后才进行备份，这样在还原系统时可省去重装操作系统、重装驱动程序、重装应用软件等很多操作。

Ghost 是一款专业的系统备份和还原软件，使用它可以将某个磁盘分区或整个硬盘上的内容完全镜像复制到另外的磁盘分区和硬盘上，并可压缩为一个镜像文件。用 Ghost 备份与恢复系统通常都在 DOS 状态中进行。

7.1.1 备份操作系统

Ghost 功能强大、使用方便，但多数版本只能在 DOS 下运行，因此可以先安装一款软件——MaxDOS。该软件能在启动计算机时方便地进入 DOS，且自带了 Ghost 软件，使用非常方便。首先从网上下载 MaxDOS，并将其安装到计算机中。安装 MaxDOS 的方法和前面安装常用软件的方法类似，这里不再赘述。

微课视频

备份操作系统

下面通过 MaxDOS 中自带的 Ghost 软件备份操作系统，其具体操作如下。

（1）启动计算机，当出现多系统选择菜单时，按【↓】键选择"MaxDOS v5.7s"选项，再按【Enter】键，如图 7-1 所示。

（2）打开 MaxDOS v5.7s 的界面，保持默认选择的"运行 MaxDOS v5.7s！"选项，按【Enter】键，如图 7-2 所示。

图 7-1 选择启动方式

图 7-2 选择启动选项

知识提示

通过 U 盘启动计算机进行系统备份

通常通过 U 盘启动计算机可以进入 Windows PE 操作系统，它也自带了 Ghost 软件，所以也可以通过 U 盘启动计算机并对操作系统进行备份。

（3）启动 MaxDOS，在光标闪烁处输入安装 MaxDOS 时设置的密码，然后按【Enter】

键，如图 7-3 所示。

（4）在打开的界面中选择启动模式，这里保持默认的"MAXDOS 工具集 +PACRET
网卡驱动网刻"选项，按【Enter】键，如图 7-4 所示。

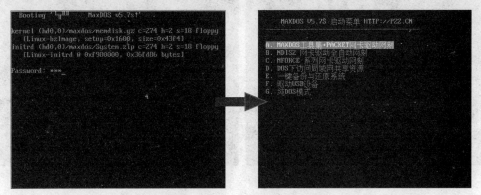

图 7-3　输入登录密码　　　　　　　　图 7-4　选择启动模式

（5）在打开的"MaxDOS 5.7 菜单"界面中选择操作任务，这里按【4】键选择"启动
GHOST V8.3 企业版"选项，如图 7-5 所示。

（6）在打开的 Ghost 主界面中显示了软件的基本信息，按【Tab】键激活▇▇OK▇▇按
钮，按【Enter】键，如图 7-6 所示。

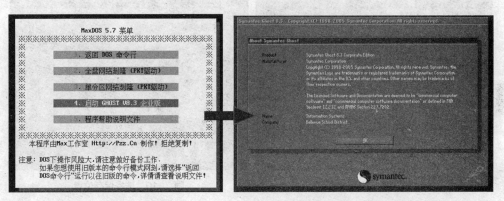

图 7-5　启动 Ghost　　　　　　　　图 7-6　打开主界面

Ghost 常用操作

　　【Tab】键主要用于在界面中的各个项目间进行切换，当按【Tab】
键激活某个项目后，该项目将呈高亮显示状态。为了便于操作，在 Ghost
中还可以使用热键，如界面中的某些命令或按钮名称上的某个字母有一
条下划线，如▇▇OK▇▇按钮，其热键就为"O"，此时按【Alt+O】组合键的作用就相
当于单击▇▇OK▇▇按钮。

（7）在打开的 Ghost 界面中按【↓】和【→】键选择【Local】/【Partition】/【To
Image】命令，如图 7-7 所示。

（8）在打开的对话框中选择硬盘（在有多个硬盘的情况下需慎重选择），这里直接按【Enter】键，如图7-8所示。

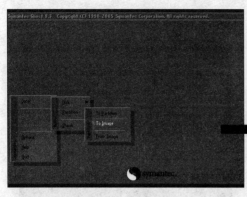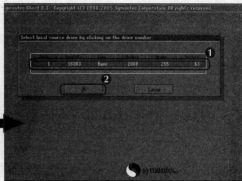

图7-7　选择命令　　　　　　　　　　　　图7-8　选择硬盘

（9）在打开的对话框中选择要备份的分区，通常应选择第1分区，按【Tab】键激活■■■■按钮，按【Enter】键，如图7-9所示。

（10）按【Tab】键激活"Lock in"下拉列表框，按【↓】键打开下拉列表，选择E盘，再按【Enter】键确认，如图7-10所示。

图7-9　选择分区　　　　　　　　　　　　图7-10　选择保存位置

（11）按【Tab】键激活"File name"文本框，输入镜像文件的名称"WIN7"，再按【Tab】键激活■Save■按钮，按【Enter】键确认保存，如图7-11所示。

（12）在打开的对话框中选择压缩方式，这里按【→】键激活■High■按钮，再按【Enter】键，如图7-12所示。

（13）在打开的对话框中询问是否确认要创建镜像文件，按【←】键激活■Yes■按钮，然后按【Enter】键确认，如图7-13所示。

（14）Ghost开始备份第1分区，并显示备份进度、速度与剩余时间等相关信息，如图7-14所示。

（15）备份完成后，将打开一个对话框提示备份成功，按【Enter】键返回Ghost主界面即可完成系统备份，如图7-15所示。

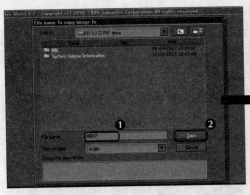

图 7-11　设置备份文件

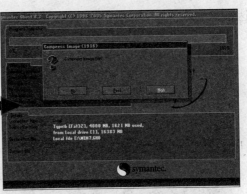

图 7-12　选择压缩方式

图 7-13　确认创建备份文件

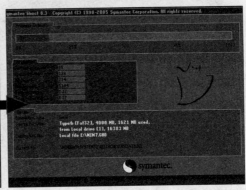

图 7-14　显示备份进度

多学一招

驱动程序的安装文件

　　如果在备份过程中自动打开图 7-16 所示的对话框，表示要备份的分区上的文件总量小于 Ghost 软件最初报告的总量（一般是由虚拟内存文件造成的），激活 Yes 按钮，再按【Enter】键确认可继续备份。

图 7-15　完成备份

图 7-16　显示提示信息

7.1.2　还原操作系统

　　当系统感染了恶性病毒或遭受到严重损坏时，就可使用 Ghost 软件从备份的镜像文件中快速恢复系统，重塑一个健全的操作系统，其具体操作如下。

（1）通过 MaxDOS 启动 Ghost，在打开的 Ghost 主界面中激活 ▢▢▢ 按钮，按【Enter】键，如图 7-17 所示。

（2）在打开的 Ghost 界面中通过按【↓】和【→】键选择【Local】/【Partition】/【From Image】命令，如图 7-18 所示。

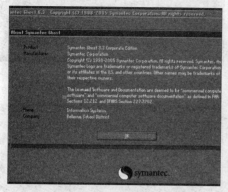

图 7-17　启动 Ghost

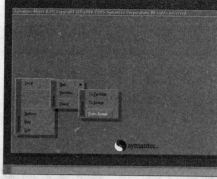

图 7-18　选择命令

（3）在打开的对话框中选择备份的镜像文件"WINXP604"，按【Tab】键激活 ▢Open 按钮，再按【Enter】键，如图 7-19 所示。

（4）在打开的对话框中显示了该镜像文件的大小及类型等相关信息，按【Enter】键确认，如图 7-20 所示。

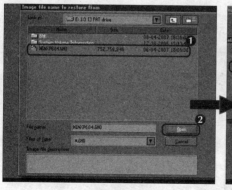

图 7-19　选择备份文件

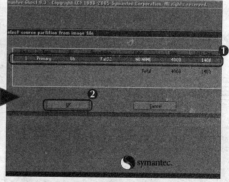

图 7-20　显示文件信息

知识提示

操作系统自带的备份与还原功能

　　Windows 7 操作系统也提供了系统备份和还原功能，利用该功能可以直接将各硬盘分区中的数据，备份到一个隐藏的文件夹中作为还原点，以便计算机在出现问题时，快速将各硬盘分区还原至备份前的状态。但这个功能有一个缺陷，就是在 Windows 操作系统无法启动时，无法还原系统。

（5）在打开的对话框中选择需要恢复到的硬盘，这里只有一个硬盘，因此直接按【Enter】

键即可，如图 7-21 所示。

（6）在打开的对话框中选择需要恢复到的磁盘分区，这里选择恢复到第1分区，按【Tab】键激活 OK 按钮，再按【Enter】键，如图 7-22 所示。

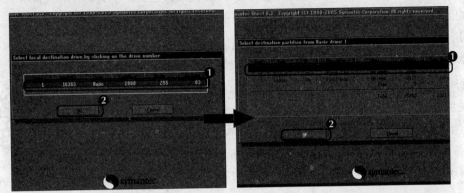

图 7-21　选择还原的硬盘　　　　图 7-22　选择还原的分区

（7）在打开的对话框中询问是否确定恢复，按【←】键激活 Yes 按钮，再按【Enter】键，如图 7-23 所示。

（8）此时 Ghost 开始恢复该镜像文件到系统盘，并显示恢复速度、进度和时间等信息。恢复完毕后，在打开的对话框中激活 Reset Computer 按钮，按【Enter】键重启计算机，完成还原操作，如图 7-24 所示。

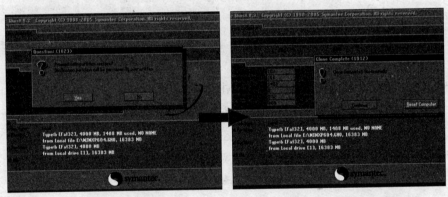

图 7-23　确认还原　　　　图 7-24　完成还原操作

7.2　优化操作系统

经过一段时间的学习，米拉已经明白，计算机虽然"聪明"，但也达不到人脑的水平。计算机只能按照设计的程序运行，并不能分辨这些程序的好坏，所以需要人为对计算机进行优化，提升其性能。

对于指定的某台计算机，要提升其性能主要有两大途径，分别是硬件提速与软件提速。硬件提速主要通过 BIOS 进行设置，软件提速主要是对系统软件与应用软件一些设置不当的项目进行修改，以加快运行速度。软件提速最基本的内容包括优化计算机的启动速度、整理磁盘碎片、手动设置优化系统和使用应用软件（如优化大师）优化系统等。

7.2.1 手动优化操作系统

手动优化操作系统就是指设置操作系统，并通过设置达到维护计算机和提高计算机性能的目的。对于 Windows 7 操作系统来说，常见的优化操作包括以下几项。

1．设置内核

Windows 7 操作系统默认设置使用一个处理器启动，现在市面上多数的计算机都是多核处理器，可以通过设置内核来提高操作系统的启动速度，其具体操作如下。

微课视频

设置内核

（1）单击"开始"按钮，在打开的菜单的"搜索程序和文件"文本框中输入"msconfig"，按【Enter】键，如图 7-25 所示。

（2）打开"系统配置"对话框，单击"引导"选项卡，单击 高级选项(V)... 按钮，如图 7-26 所示。

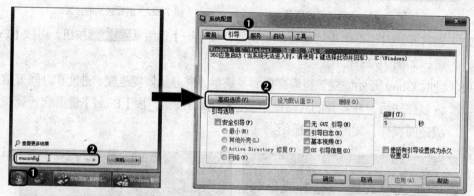

图 7-25　输入程序名称（一）　　　　图 7-26　打开"系统配置"对话框

（3）打开"引导高级选项"对话框，单击选中"处理器数"复选框，在下面的下拉列表框中设置最大的处理器数。然后单击选中"最大内存"复选框，在下面的数值框中输入最大内存的值。单击 确定 按钮，如图 7-27 所示。

（4）返回"系统配置"对话框，单击 确定 按钮。打开"系统配置"提示框，要求重新启动计算机以应用设置。单击 重新启动(R) 按钮，如图 7-28 所示。

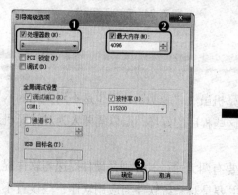

图 7-27　设置内核

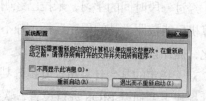

图 7-28　重启计算机

优化操作系统的关键

知识提示

从早期版本的 Windows 操作系统开始，系统优化就一直是个很热门的话题，网上也能搜到很多有关如何优化计算机的帖子。但系统优化因人而异，不知情地盲目追风很可能会适得其反。对于一般用户而言，优化操作系统的关键是养成良好的安全意识和操作习惯，这才是保证系统安全的最终核心。

2．优化系统启动项

用户在使用计算机的过程中，会不断安装各种应用程序，而其中的一些程序就会默认加入系统启动项，如一些播放器程序、聊天工具等，但这对于部分用户来说也许并非必要，反而使计算机开机缓慢。在 Windows 7 操作系统中，用户可以通过设置相关选项关闭这些自动运行的程序，以加快操作系统启动的速度，其具体操作如下。

微课视频

优化系统启动项

（1）单击"开始"按钮█，在打开的菜单的"搜索程序和文件"文本框中输入"msconfig"，按【Enter】键，如图 7-29 所示。

（2）打开"系统配置"对话框，单击"启动"选项卡，在"启动项目"列表框中列出了随系统启动而自动运行的程序，单击撤销选中该程序前面的复选框即可。设置完成后单击█确定█按钮，如图 7-30 所示。

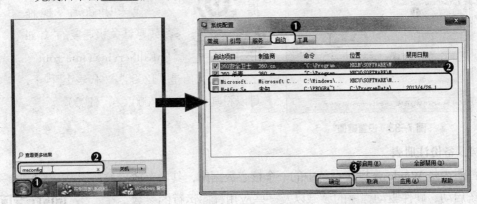

图 7-29　输入程序名称（二）　　　　　　图 7-30　设置启动项

（3）打开"系统配置"提示框，要求重新启动计算机以应用设置，单击█重新启动(R)█按钮。

3．加快系统关机速度

虽然 Windows 7 操作系统的关机速度已经比之前的 Windows 操作系统快很多，但稍微修改一下注册表可以使关机更迅速，其具体操作如下。

（1）单击"开始"按钮█，在打开的菜单的"搜索程序和文件"文本框中输入"regedit"，按【Enter】键，如图 7-31 所示。

（2）打开"注册表编辑器"窗口，在左侧的任务窗格中展开"HKEY_LOCAL_MACHINE/SYSTEM/CurrentControlSet/Control"键值，在右侧的列表框

微课视频

加快系统关机速度

的"WaitToKillServiceTimeout"选项上单击鼠标右键，在弹出的快捷菜单中选择"修改"命令，如图7-32所示。

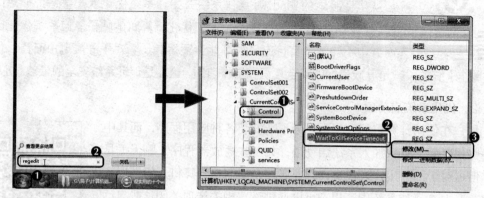

图7-31 输入程序名称（三）　　　　　　图7-32 选择键值

（3）打开"编辑字符串"对话框，在"数值数据"文本框中重新输入"2000"，单击 确定 按钮，如图7-33所示。

图7-33 设置键值

知识提示

Window 7 关机速度

代表 Windows 7 操作系统默认关机速度的"Wait ToKillServiceTime-out"字符串的数值是"12000"（代表12秒），可以将其设置为"7000"或"5000"。

4．备份注册表

注册表是 Windows 操作系统中的一个核心数据库，其中存放着控制系统启动、硬件驱动程序的装载以及一些应用程序运行的参数，在整个系统中起着核心作用。备份注册表的具体操作如下。

（1）单击"开始"按钮，在打开的菜单的"搜索程序和文件"文本框中输入"regedit"，按【Enter】键，如图7-34所示。

（2）打开"注册表编辑器"窗口，在左侧的任务窗格中选择需要备份的注册表项，这里选择"HKEY_CLASSES_ROOT"项，如图7-35所示。

（3）在"注册表编辑器"窗口上面的菜单栏中选择【文件】/【导出】命令，如图7-36所示。

（4）打开"导出注册表文件"对话框，选择注册表备份文件的保存位置。在"文件名"文本框中输入备份文件的名称，单击 保存(S) 按钮，如图7-37所示。

微课视频

备份注册表

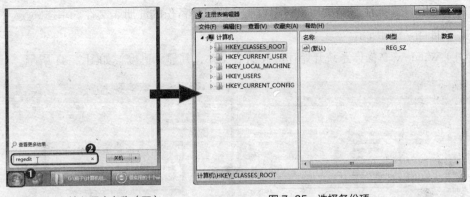

| 图 7-34 输入程序名称（四） | 图 7-35 选择备份项 |

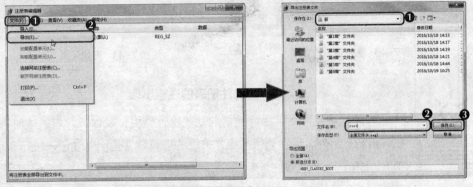

| 图 7-36 选择操作（一） | 图 7-37 设置备份 |

（5）Windows 7 操作系统将按照前面的设置对注册表的"HKEY_CLASSES_ROOT"项
进行备份，并将其保存为".reg"文件。

5. 还原注册表

进行注册表备份后，一旦操作系统出现问题，但又不需要还原操
作系统时，可以通过还原注册表的方法排除故障，其具体操作如下。

（1）单击"开始"按钮，在打开的菜单的"搜索程序和文件"
文本框中输入"regedit"，按【Enter】键，如图 7-38 所示。

（2）打开"注册表编辑器"窗口，选择【文件】/【导入】命令，
如图 7-39 所示。

微课视频

还原注册表

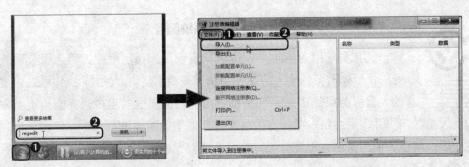

| 图 7-38 输入程序名称（五） | 图 7-39 选择操作（二） |

（3）打开"导入注册表文件"对话框，选择已经备份的注册表文件。单击 <kbd>打开(O)</kbd> 按钮，如图 7-40 所示。

（4）Windows 7 操作系统开始还原注册表文件，并显示进度，如图 7-41 所示。

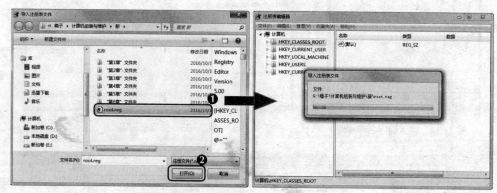

图 7-40　选择还原的文件　　　　　　图 7-41　开始还原

备份注册表的注意事项

多学一招

在注册表还原后，最好重新启动一次计算机，以保证导入的注册表能正常运行。另外，现在有很多操作方便的应用软件也能对注册表进行备份，如 Registry Backup 等。

6. 优化系统服务

Windows 操作系统启动时，系统自动加载了很多在系统和网络中发挥着很大作用的服务，但这些服务并不都适合用户，因此有必要将一些不需要的服务关闭以节约内存资源，加快计算机的启动速度。下面以关闭系统搜索索引服务（Windows Search）为例，其具体操作如下。

微课视频

优化系统服务

（1）单击"开始"按钮 ，在打开的菜单的"计算机"命令上单击鼠标右键，在弹出的快捷菜单中选择"管理"命令，如图 7-42 所示。

（2）打开"计算机管理"窗口，在左侧的任务窗格中展开"服务和应用程序"/"服务"选项，在中间的"服务"列表框中选择"Windows Search"选项，单击"停止"超链接，如图 7-43 所示。

知识提示

优化系统服务

优化系统服务的主动权应该掌握在用户自己手中，因为每个系统服务的使用都需要依个人实际使用情况来决定。Windows 7 操作系统中提供的大量服务虽然占据了许多系统内存，也许很多用户也完全用不上，但考虑到大多数用户并不明白每一项服务的含义，所以不能随便进行优化。但如果用户能够完全明白某服务项的作用，那就可以打开服务项管理窗口逐项检查，并关闭其中一些服务来提高操作系统的性能。

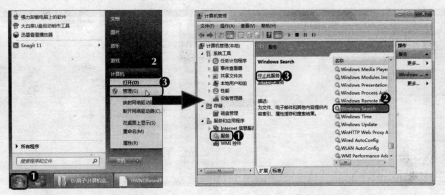

图 7-42　选择命令	图 7-43　选择操作（三）

（3）Windows 系统开始停止该项服务，并显示进度，如图 7-44 所示。

（4）停止服务后，只有通过单击"启动"超链接才能重新启动该服务，如图 7-45 所示。

图 7-44　停止服务	图 7-45　完成优化

7.2.2　使用软件优化操作系统

Windows 操作系统的许多默认设置并不是最优设置，使用一段时间后难免会出现系统性能下降、频繁出现故障等情况。这时就需要使用专业的操作系统优化软件对系统进行优化与维护，如 Windows 优化大师。下面使用 Windows 优化大师中的自动优化功能优化操作系统，其具体操作如下。

微课视频

使用软件优化操作系统

（1）启动 Windows 优化大师，软件自动进入一键优化窗口，单击 ▢一键优化 按钮，如图 7-46 所示。

（2）Windows 优化大师开始自动优化系统，并在窗口下面显示优化进度，如图 7-47 所示。

（3）优化完成后，在窗口下面的进度条中显示"完成'一键优化'操作"。单击 ▢一键清理 按钮，如图 7-48 所示。

（4）Windows 优化大师首先开始清理系统垃圾，准备待分析的目录，如图 7-49 所示。

（5）扫描系统垃圾后，Windows 优化大师开始删除垃圾文件，并打开提示框提示用户关闭多余的程序。单击 ▢确定 按钮，如图 7-50 所示。

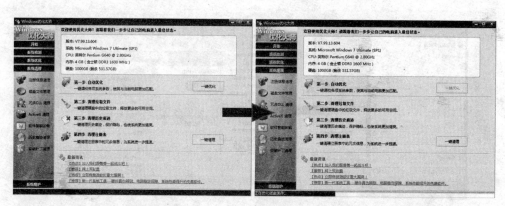

图 7-46　自动优化窗口　　　　　　　　图 7-47　一键优化

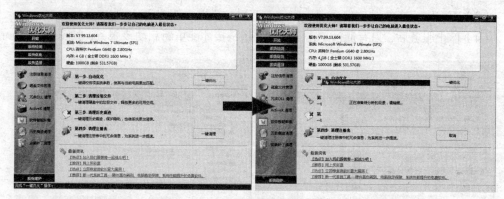

图 7-48　一键清理　　　　　　　　　　图 7-49　清理垃圾文件

（6）Windows 优化大师打开提示框，要求用户确认是否删除这些垃圾文件。单击 是(Y)
按钮，如图 7-51 所示。

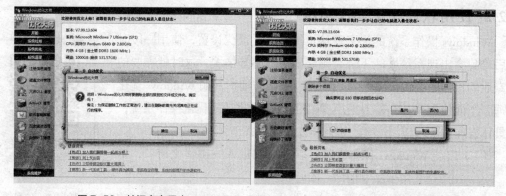

图 7-50　关闭多余程序　　　　　　　　图 7-51　确认删除操作

（7）Windows 优化大师开始清理历史痕迹，并打开提示框，要求用户确认是否删除历
史记录痕迹。单击 确定 按钮，如图 7-52 所示。

（8）Windows 优化大师开始清理注册表，并打开提示框，要求用户对注册表进行备份。
由于前面我们已经对注册表进行过备份，所以这里单击 否(N) 按钮，如图 7-53 所示。

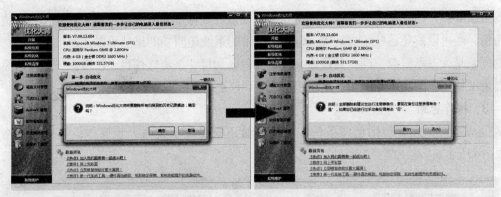

<table>
<tr><td>图 7-52　删除历史记录痕迹</td><td>图 7-53　备份注册表</td></tr>
</table>

（9）Windows 优化大师打开提示框，提示用户是否删除扫描到的注册表信息。单击 [确定] 按钮，如图 7-54 所示。

（10）Windows 优化大师完成计算机所有的优化操作，打开提示框，要求用户重新启动计算机使设置生效。单击 [确定] 按钮，如图 7-55 所示。

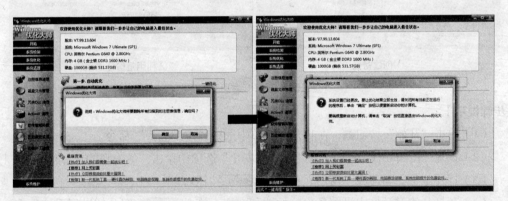

<table>
<tr><td>图 7-54　清理注册表</td><td>图 7-55　完成优化</td></tr>
</table>

7.3　项目实训

本章通过利用 Ghost 软件备份和还原操作系统，以及优化操作系统两个课堂案例，讲解了操作系统备份与优化的相关知识。下面通过两个项目实训，对本章学习的知识进行巩固和应用。

7.3.1　备份与还原操作系统

1. 实训目标

本实训的目标是利用 Windows 7 操作系统自带的系统备份与还原功能，对操作系统进行备份和还原，进一步学习备份和还原操作系统的相关操作，加深对备份和还原操作系统的认识。

2. 专业背景

如果没有备份操作系统，一旦计算机系统出现非硬件的重大故障导致无法开机，很多人会选择重新安装操作系统，既费时又麻烦，且所有的驱动程序和软件

微课视频

备份与还原操作系统

都得重新安装，同时系统盘上保留的重要文件或重要数据都会被删除。如果对操作系统进行了备份，则可以避免这些情况。Windows 7 自带的系统还原功能虽然可以还原系统，但它最大的问题是太占系统盘空间，若还原文件里面包含病毒，杀毒软件也无法查杀，还原后系统仍然无法使用。因此在备份和还原操作系统时建议选择 Ghost 等专业软件。

3．操作思路

完成本实训主要包括创建备份和利用备份还原操作系统两大步操作，其操作思路如图 7-56 所示。

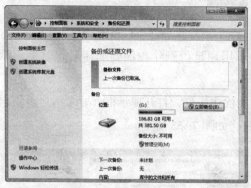 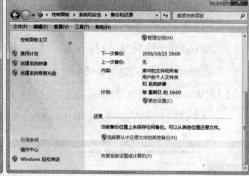

①创建备份   ②利用备份还原系统

图 7-56 操作思路

【步骤提示】

（1）单击"开始"按钮 ，在打开的菜单中选择"控制面板"命令。

（2）打开"控制面板"窗口，在"系统和安全"选项中单击"备份您的计算机"超链接。

（3）打开"备份与还原"窗口，单击 立即备份(B) 按钮。

（4）在打开的对话框中设置备份的位置和内容，单击 确定 按钮开始进行系统备份，等待一段时间后即可完成系统备份。

（5）需要还原操作系统时，用同样的方法打开"备份与还原"窗口，在"还原"栏中单击"选择要从中还原文件的其他备份"超链接。

（6）打开"还原文件"对话框，选择备份的文件，单击 下一步(N) 按钮。

（7）在打开的对话框中设置还原的位置，单击 还原(R) 按钮即可还原系统。

7.3.2 通过 360 安全卫士优化操作系统

1．实训目标

在计算机中安装 360 安全卫士，通过该软件优化操作系统。通过本实训进一步加深用户对优化操作系统的认识，学习优化操作系统的相关操作。

2．专业背景

操作系统优化在专业解释上指尽可能减少计算机执行的进程，更改工作模式，删除不必要的中断让计算机运行更高效，优化文件位置

微课视频

通过 360 安全卫士优化操作系统

使数据读写更快，节约更多的系统资源供用户支配，以及减少不必要的系统加载项及自启动项。系统优化到一定程度时可能会略微影响系统稳定性，但基本对硬件无害。而很多专业的优化软件就是基于这种目的，尽可能地优化操作系统，它比手动优化更简单、更智能，最大的优点是不容易破坏计算机的正常工作。

3．操作思路

完成本实训主要包括优化扫描和优化操作两大步操作，其操作思路如图 7-57 所示。

①开始扫描　　　　　　　　　　　　②优化系统

图 7-57　操作思路

【步骤提示】

（1）启动 360 安全卫士，在工作界面左下侧单击 优化加速 按钮。

（2）打开 360 安全卫士的"优化加速"界面，单击 开始扫描 按钮，360 安全卫士开始对操作系统进行优化扫描。

（3）扫描完成后，显示可以优化的项目，单击 立即优化 按钮。

（4）开始对操作系统进行优化，完成后关闭 360 安全卫士即可。

7.4　课后练习

本章主要介绍了利用 Ghost 备份和还原操作系统、备份和还原注册表、手动设置优化操作系统、优化开机速度和利用 Windows 优化大师优化操作系统等知识。读者应认真学习和掌握本章的内容，为以后计算机的备份和优化打下基础。

（1）按照本章所讲的知识，在计算机中进行设置，减少开机启动的程序。

（2）使用 Windows 优化大师的自动优化功能优化计算机。

（3）按照本章所讲的知识，对计算机的注册表进行备份。

（4）使用 Ghost 对系统盘进行备份。

7.5　技巧提升

1．Windows 操作系统中常见的可以关闭的服务

下面介绍一些 Windows 操作系统中常见的可以关闭的服务项。

- ClipBook：该服务允许网络中的其他用户浏览本机的文件夹。
- Print Spooler：该服务为打印机后台处理程序。
- Error Reporting Service：该服务用于系统服务和程序在非正常环境下运行时发送错误报告。
- Net Logon：该服务为网络注册功能，用于处理注册信息等网络安全功能。
- NT LM Security Support Provider：该服务为网络提供安全保护。
- Remote Desktop Help Session Manager：该服务用于网络中的远程通讯。
- Remote Registry：该服务使网络中的远程用户能修改本地计算机中的注册表设置。
- Task Scheduler：该服务使用户能在计算机中配置和制定自动任务的日程。
- Uninterruptible Power Supply：该服务用于管理用户的 UPS。

2．使用 EasyRecovery 恢复数据

计算机操作过程中经常出现数据被误删除的情况，这时可能需要使用数据恢复软件对误删数据进行恢复。EasyRecovery 是一款可以恢复硬盘中被删除的数据的软件，其操作方法为：启动软件，在左侧列表中选择"数据恢复"选项，在右侧窗格中单击"删除恢复"按钮；在打开的"数据恢复—删除恢复"界面中的磁盘列表框中选择要扫描的磁盘分区，在"文件过滤器"中选择要扫描的文件类型，进入下一步操作。此时，软件将根据所做的设置对指定磁盘分区进行扫描，在打开的"正在扫描文件"对话框中将显示扫描进度和结果。扫描完成后，EasyRecovery 软件将在左侧的列表框中列出当前驱动器中的文件夹列表。选择要恢复的文件所在的文件夹，在右侧窗格中将显示出可以恢复的文件，进入下一步操作。在打开的对话框中的"恢复目标选项"栏中单击选中"恢复至本地驱动器"单选项，打开"浏览文件夹"对话框，指定文件保存位置。确认操作后，软件将开始恢复指定文件。完成后在打开的对话框中将显示恢复结果，并可在保存目录中查看已恢复的文件。

CHAPTER 8

第 8 章

搭建虚拟计算机测试平台

情景导入

　　米拉开始为公司所有的计算机安装 Windows 7 操作系统。由于工作量太大，且对于安装操作系统还不熟练，为了提高工作效率，米拉想利用下班时间，在自己家里的计算机上搭建一个虚拟计算机的测试平台，练习安装操作系统……

学习目标

● 掌握虚拟机的基础知识。

　　如最常用的虚拟机 VM 的基础知识、VM 对系统的基本要求、VM 的常用热键等。

● 掌握通过虚拟机安装操作系统的相关操作。

　　如创建虚拟机、配置虚拟机、在 VM 中安装操作系统等。

案例展示

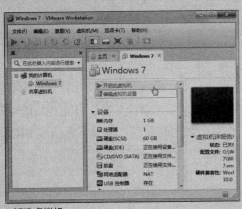

▲ 新建虚拟机

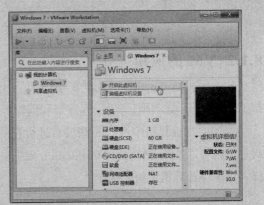

▲ 在虚拟机中安装操作系统

8.1 认识 VMware Workstation

经过了解，米拉知道现在最常用的计算机虚拟测试软件就是 VMware Workstation，在进行各种操作前，应该学习该软件的一些基本知识。VMware Workstation（简称 VM）是一款比较专业的虚拟机软件，它可以同时运行多个虚拟的操作系统，在软件测试等专业领域使用较多。该软件属于商业软件，普通用户需要付费购买。

8.1.1 VM 的基本概念

在使用 VM 之前需先了解一些相关的专用名词，下面分别对这些专用名词进行讲解。

- **虚拟机**：虚拟机指通过软件模拟计算机系统的功能，且运行在一个完全隔离的环境中的完整计算机系统。通过虚拟机软件，可以在一台物理计算机上模拟出一台或多台虚拟的计算机。这些虚拟的计算机（简称虚拟机）可以像真正的计算机一样进行工作，如可以安装操作系统和应用程序等。对于用户而言，虚拟机只是运行在计算机上的一个应用程序，而对于虚拟机中运行的应用程序而言，可以得到与在真正的计算机中进行操作一致的结果。

- **主机**：主机指运行虚拟机软件的物理计算机，即用户所使用的计算机。

- **客户机系统**：客户机系统指虚拟机中安装的操作系统，也称"客户操作系统"。

- **虚拟机硬盘**：由虚拟机在主机上创建的一个文件，其容量大小受主机硬盘的限制，即存放在虚拟机硬盘中的文件大小不能超过主机硬盘的大小。

- **虚拟机内存**：虚拟机运行所需内存是由主机提供的一段物理内存，其容量大小不能超过主机的内存容量。

虚拟机软件的优点

使用虚拟机软件，用户可以同时运行 Linux 的各种发行版、Windows 的各种版本、DOS 和 UNIX 等各种操作系统，甚至可以在同一台计算机中安装多个 Linux 发行版或多个 Windows 操作系统版本。在虚拟机的窗口上，模拟了多个按键，分别代表打开虚拟机电源、关闭虚拟机电源和 Reset 键等。 这些按键的功能和计算机真实的按键一样，非常方便。

8.1.2 VM 的应用

VMware Workstation 的功能相当强大，应用也非常广泛，只要是涉及使用计算机的职业，都能派上用场，如教师、学生、程序员和编辑等，都可以利用它来解决一些工作上相应的难题。

当需要在计算机中进行一些没有进行过的操作时，如重装系统、安装多系统或 BIOS 升级等，就可以使用 VMware Workstation 模拟这些操作，待熟悉后再在现实计算机中操作，这样可以保证计算机系统的稳定性。

8.1.3 VM 对系统的要求

虚拟机在主机中运行时，要占用部分系统资源，特别是对 CPU 和内存资源的使用较大。所以，运行 VMware Workstation 需要主机的操作系统和硬件配置达到一定的要求，这样才不会因运行虚拟机而影响系统的运行速度。

1．能够安装 VM 的操作系统

VMware Workstation 几乎能够支持所有操作系统的安装，如下所示。

● Microsoft Windows：从 Windows 3.1 一直到最新的 Windows 7/8/10。
● Linux：各种 Linux 版本，从 Linux 2.2.x 核心到 Linux 2.6.x 核心。
● Novell NetWare：Novell NetWare 5 和 Novell NetWare 6。
● Sun Solaris：Solaris 8、Solaris 9、Solaris 10 和 Solaris 11 64-bit。
● VMware ESX：VMware ESX/ESXi 4 和 VMware ESXi 5。
● 其他操作系统：MS-DOS、eComStation、eComStation 2、FreeBSD 等。

2．VM 对主机硬件的要求

在 VM 中安装不同的操作系统对主机的硬件要求也不同，表 8-1 列出了安装最常见操作系统时的硬件配置要求。

表 8-1　VM 对主机硬件的要求

操作系统版本	主机磁盘剩余空间	主机内存容量
Windows XP	至少 40GB	至少 512MB
Windows Vista	至少 40GB	至少 1GB
Windows 7	至少 60GB	至少 1GB
Windows 8	至少 60GB	至少 1GB
Windows 10	至少 60GB	至少 1GB

8.1.4 VM 热键

热键就是自身或与其他按键组合能够起到特殊作用的按键，在 VM 中的热键默认为【Ctrl】键。在虚拟机运行过程中，【Ctrl】键与其他键组合所能实现的功能如下所示。

● 【Ctrl+B】组合键：开机。
● 【Ctrl+E】组合键：关机。
● 【Ctrl+R】组合键：重启。
● 【Ctrl+Z】组合键：挂起。
● 【Ctrl+N】组合键：新建一个虚拟机。
● 【Ctrl+O】组合键：打开一个虚拟机。
● 【Ctrl+F4】组合键：关闭所选择虚拟机的概要或控制视图。如果打开了虚拟机，将出现一个确认对话框。

- 【Ctrl+D】组合键：编辑虚拟机配置。
- 【Ctrl+G】组合键：为虚拟机捕获鼠标和键盘焦点。
- 【Ctrl+P】组合键：编辑参数。
- 【Ctrl+Alt+Enter】组合键：进入全屏模式。
- 【Ctrl+Alt】组合键：返回正常（窗口）模式。
- 【Ctrl+Alt+Tab】组合键：当鼠标和键盘焦点在虚拟机中时，在打开的虚拟机中切换。
- 【Ctrl+Shift+Tab】组合键：当鼠标和键盘焦点不在虚拟机中时，在打开的虚拟机中切换。前提是 VMware Workstation 应用程序必须在活动应用状态上。

8.2 创建和配置虚拟机

米拉了解到，在 VMware Workstation 的官方网站（http://www.vmware.com/）可以下载最新版本的软件，将其安装到计算机中后，就可以创建和配置虚拟机了。

8.2.1 创建虚拟机

下面以创建一个 Windows 7 操作系统的虚拟机为例进行讲解，具体操作如下。

微课视频

创建虚拟机

（1）启动 VMware Workstation，打开其主界面，选择【文件】/【新建虚拟机】命令，如图 8-1 所示。

（2）打开"新建虚拟机向导"对话框，在其中选择配置的类型，这里单击选中"典型"单选项。单击 下一步(N) > 按钮，如图 8-2 所示。

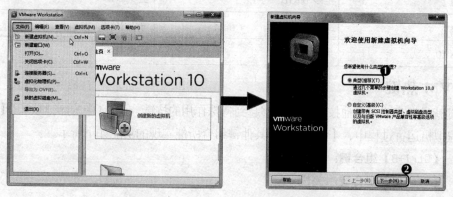

图 8-1 选择命令　　　　图 8-2 选择配置类型

（3）打开"安装客户机操作系统"对话框，选择如何安装操作系统，这里选中"安装程序光盘映像文件"单选项。单击 浏览(R)... 按钮，如图 8-3 所示。

（4）打开"浏览 ISO 映像"对话框，选择操作系统的安装映像文件，这里选择一个从网上下载的 Windows 7 的映像文件。单击 打开(O) 按钮，如图 8-4 所示。

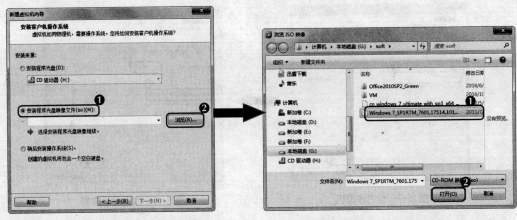

图 8-3 选择如何安装　　　　　　图 8-4 选择映像文件

（5）返回"安装客户机操作系统"对话框，单击 下一步(N) > 按钮，如图 8-5 所示。

（6）打开"简易安装信息"对话框，在"Windows 产品密钥"文本框中输入 Windows
7 的安装密钥，在"全名""密码"和"确认"文本框中输入该操作系统的个性化
设置。单击 下一步(N) > 按钮，如图 8-6 所示。

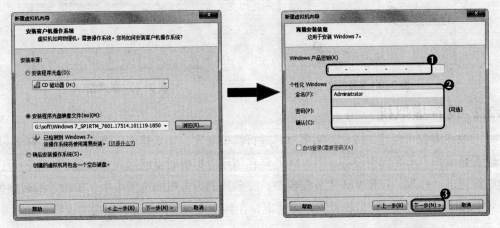

图 8-5 确认安装　　　　　　图 8-6 设置虚拟机

（7）打开"命名虚拟机"对话框，在"虚拟机名称"文本框中输入虚拟机的名称，在"位
置"文本框中输入新建虚拟机的保存位置。单击 下一步(N) > 按钮，如图 8-7 所示。

（8）打开"指定磁盘容量"对话框，在"最大磁盘大小"数值框中输入创建虚拟机的
磁盘大小，这里输入"60.0"。单击选中"将虚拟磁盘储存为单个文件"单选项。
单击 下一步(N) > 按钮，如图 8-8 所示。

（9）打开"已经准备好创建虚拟机"对话框，单击撤销选中"创建后开启此虚拟机"复选框。
单击 完成 按钮，如图 8-9 所示。

（10）VM 开始创建虚拟机，并显示进度，如图 8-10 所示。创建完成后，将在 VM 主
界面窗口中看到创建好的虚拟机的相关信息。

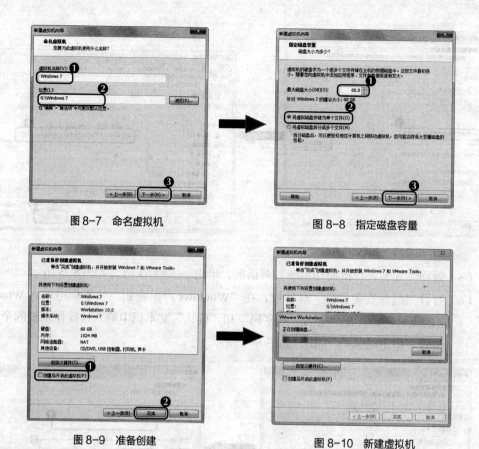

图 8-7　命名虚拟机　　　　　　　　　　　图 8-8　指定磁盘容量

图 8-9　准备创建　　　　　　　　　　　　图 8-10　新建虚拟机

8.2.2　设置虚拟机

　　一般在虚拟机创建完成后，需要对其进行简单配置，如新建虚拟硬盘，设置内存的大小及设置显卡和声卡等虚拟设备。但 VM 通常在创建虚拟机时就已经完成设置了，用户可以对这些设置进行修改。打开 VM 主界面窗口，在创建的虚拟机的选项卡中，单击"编辑虚拟机设置"超链接，打开"虚拟机设置"对话框，在其中可对虚拟机进行相关的设置，如图 8-11所示。

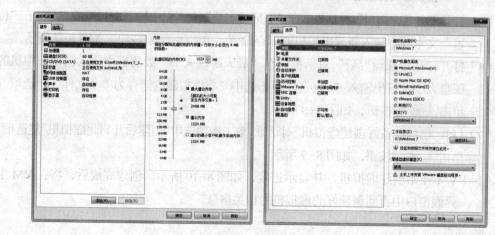

图 8-11　设置虚拟机

知识提示

设置 VM

本小节的内容主要是针对创建的虚拟机进行设置。如果要对 VM 软件进行设置，则需要在其主界面窗口中选择【编辑】/【首选项】命令，在打开的"首选项"对话框中进行。

下面以设置 U 盘启动虚拟机为例进行讲解，其具体操作如下。

（1）先将 U 盘连接到计算机中，启动 VMware Workstation。单击创建的虚拟机的选项卡"Windows 7"，单击"编辑虚拟机设置"超链接，如图 8-12 所示。

（2）打开"虚拟机设置"对话框，单击 添加(A)... 按钮，如图 8-13 所示。

微课视频

设置虚拟机

图 8-12　选择操作　　　　图 8-13　添加硬件

（3）打开添加硬件向导的"硬件类型"对话框，在"硬件类型"栏中选择"硬盘"选项。单击 下一步(N) > 按钮，如图 8-14 所示。

（4）打开"选择磁盘类型"对话框，在"虚拟磁盘类型"栏中单击选中"IDE"单选项。单击 下一步(N) > 按钮，如图 8-15 所示。

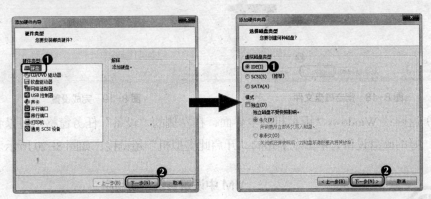

图 8-14　选择硬件类型　　　　图 8-15　选择磁盘类型

（5）打开"选择磁盘"对话框，在"磁盘"栏中单击选中"使用物理磁盘"单选项。单击 下一步(N) > 按钮，如图 8-16 所示。

（6）打开"选择物理磁盘"对话框，在"设备"下拉列表框中选择 U 盘对应的选项（通常 PhysicalDrive0 代表虚拟硬盘，U 盘是最下面的一个选项）。单击 下一步(N) > 按钮，如图 8-17 所示。

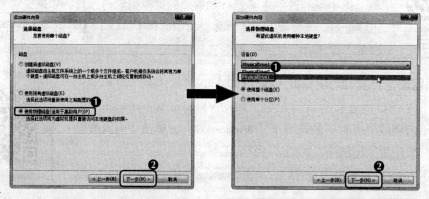

图 8-16　选择 U 盘　　　　　　　图 8-17　设置文件保存位置

（7）打开"指定磁盘文件"对话框，在其中设置磁盘文件的保存位置，通常保持默认设置。单击 完成 按钮，如图 8-18 所示。

（8）返回"虚拟机设置"对话框，即可看到新建的设备"新硬盘（IDE）"。单击 确定 按钮，如图 8-19 所示。

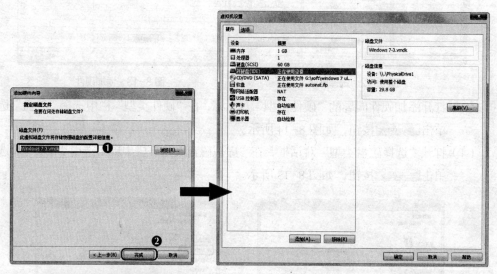

图 8-18　指定磁盘文件　　　　　　图 8-19　完成设置

（9）返回该 Windows 7 虚拟机的主界面，在左侧的"设备"任务窗格中可以看到创建好的硬盘设备，单击左上角的"开启此虚拟机"超链接，如图 8-20 所示。

知识提示

VM 中设置系统启动顺序

在 VM 中设置系统启动顺序的操作与在计算机 BIOS 中设置系统启动顺序的方法完全相同。在 VM 中启动一个虚拟机时，按【F2】键即可进入该虚拟机的 BIOS 设置界面。

（10）VM将自动启动虚拟机，并按照启动顺序启动U盘（本例中U盘是第二启动设备，第一启动设备是虚拟硬盘），这里U盘中安装了大白菜系统启动程序，如图8-21所示。

图 8-20　选择操作

图 8-21　U 盘启动

8.3　在 VM 中安装操作系统

165

在 VM 中安装操作系统的操作与在计算机中安装操作系统基本相同，只是需要先将创建的 U 盘虚拟硬盘移除。下面就以通过 ISO 文件安装 Windows 7 为例进行讲解，其具体操作如下。

微课视频

在 VM 中安装操作系统

（1）启动 VMware Workstation，打开创建好的 Windows 7 虚拟机，单击左上角的"编辑虚拟机设置"超链接，如图 8-22 所示。

（2）打开"虚拟机设置"对话框，在列表框中选择"新硬盘（IDE）"选项，单击 移除(R) 按钮。如图 8-23 所示。

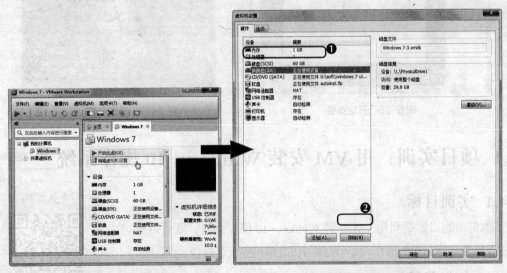

图 8-22　选择操作

图 8-23　移除硬盘

（3）在列表框中即可看到代表U盘的新硬盘被删除，单击 确定 按钮，如图8-24所示。

（4）返回VM工作界面，单击"开启此虚拟机"超链接，如图8-25所示。

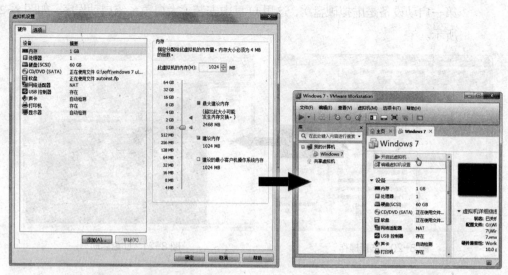

图 8-24　完成硬盘移除　　　　　　　　　　图 8-25　启动虚拟机

（5）VM按照前面的设置，启动Windows 7操作系统的安装程序，并进行操作系统的安装，如图8-26所示。

（6）后面的操作与在计算机中安装Windows 7操作系统完全相同，这里不再赘述。安装完成后即可进入Windows 7操作系统，如图8-27所示。

　　　　　　　　　　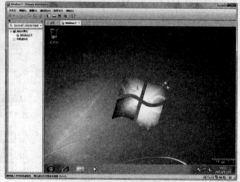

图 8-26　开始安装　　　　　　　　　　图 8-27　完成安装

8.4　项目实训：用 VM 安装 Windows 10 操作系统

8.4.1　实训目标

本实训的目标是利用VM安装Windows 10操作系统，既可以练习通过VM新建虚拟机的操作，又可以练习在虚拟机中安装操作系统的操作。

8.4.2　专业背景

虚拟机指通过软件模拟的具有完整硬件系统功能的、运行在一个

微课视频

用 VM 安装 Windows
10 操作系统

完全隔离的环境中的完整计算机系统。通过虚拟机软件，我们可以在一台物理计算机上模拟出两台或多台虚拟的计算机，这些虚拟机可以像真正的计算机那样进行工作。在计算机组装和软件应用领域，虚拟机软件的应用都非常广泛。

8.4.3 操作思路

完成本实训包括创建虚拟机和安装操作系统两大步操作，其操作思路如图 8-28 所示。

①创建虚拟机　　　　　　　　　　　②安装操作系统

图 8-28　用 VM 安装 Windows 10 的操作思路

【步骤提示】
（1）将 Windows 10 的安装光盘放入计算机光驱，启动 VM，新建一个虚拟机。
（2）按照向导提示进行操作，打开"客户机操作系统安装"对话框，选择如何安装操作系统时，单击选中"安装程序光盘"单选项，选择光盘中的安装文件。其他操作和安装方法与安装 Windows 7 操作系统相似。
（3）创建好虚拟机后，即可启动电源，安装 Windows 10 操作系统。在安装过程中，可对虚拟硬盘进行分区和格式化操作。

8.5　课后练习

本章主要介绍了 VMware Workstation 的基本操作，包括基本的功能、对软硬件的要求，以及创建虚拟机、设置虚拟机和安装操作系统等知识。
（1）下载并安装最新版本的 VM。
（2）分别利用 VM 创建 Windows XP、Windows 7 和 Windows 8 这 3 个虚拟机。
（3）为新建的 3 个虚拟机安装对应的操作系统。

8.6　技巧提升

1．其他虚拟机软件

目前流行的虚拟机软件有 VMware Workstation、Oracle VM VirtualBox 和 Microsoft Virtual PC，它们都能在 Windows 系统中虚拟多个计算机。

● Oracle VM VirtualBox：该软件是一款功能强大的虚拟机软件，具备虚拟机的所有功能，且操作简单、完全免费、升级速度快，非常适合普通用户使用。

● Microsoft Virtual PC：该软件是一款由 Microsoft 公司开发，支持多个操作系统的虚拟机软件。它具有功能强大、使用方便的特点，主要应用于重装系统、安装多系统和 BIOS 升级等。该软件的缺点是升级较慢，无法跟上操作系统的更新步伐。

2．VM 的上网方式

综合来说，主机上网无非有两种：一种是拨号上网，另一种是非拨号上网。拨号上网包括家庭 ADSL 拨号上网、小区宽带拨号上网、无线网卡拨号上网，或者单位家属院专用拨号上网等。非拨号上网（主机不需要拨号即可以上网）包括单位直接上网、家庭通过路由器共享上网等。而 VM 上网则有 3 种方式，直接上网、通过主机共享上网、通过 VMware 内置的 NAT 服务共享上网等。VM 与主机上网方式组合，则有 6 种方式：（1）主机拨号上网，虚拟机拨号上网；（2）主机拨号上网，虚拟机通过主机共享上网；（3）主机拨号上网，虚拟机使用 VMware 内置的 NAT 服务共享上网；（4）主机直接上网，虚拟机直接上网；（5）主机直接上网，虚拟机通过主机共享上网；（6）主机直接上网，虚拟机使用 VMware 内置的 NAT 服务共享上网。

3．在 VM 中使用物理计算机中的文件夹

根据需要，用户可以将物理计算机中的文件夹共享给虚拟机使用。可以设置共享文件夹，在虚拟机中打开"虚拟机设置"对话框，单击"选项"选项卡；在左侧的列表框中选择"共享文件夹"选项，在右侧的"文件夹共享"栏中单击选中"总是启用"单选项；单击 添加(A)... 按钮，如图 8-29 所示。在打开的添加共享文件夹向导对话框的提示下，选择需要共享的文件夹，完成向导的操作。

图 8-29　使用物理计算机中的文件夹

CHAPTER 9

第9章
计算机的日常维护

情景导入

在组装好公司的计算机后，米拉一直被经常出现的各种软硬件问题困扰着，经过一段时间的努力，她明白了一个非常重要的道理，计算机并不是组装、优化好了就能正常工作，还需要对其进行日常维护。只有日常维护做好了，计算机才能更好地工作。

学习目标

- 掌握计算机日常维护的相关知识。

  如计算机维护的重要性、保持良好的工作环境、注意计算机的安放位置、计算机软件的维护等。

- 掌握硬件日常维护的相关知识。

  如CPU、主板、硬盘、显卡和显示器、机箱和电源、键盘和鼠标等。

案例展示

▲磁盘碎片整理

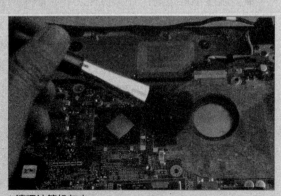

▲清理计算机灰尘

9.1 日常维护计算机

由于工作需要，米拉又开始学习计算机组装与维护的相关知识，首先学习的是日常维护计算机，目的是使计算机保持良好的运行环境和运行速度，以延长计算机的使用寿命。

在日常使用中，应注意保养计算机，并通过一些维护措施来减少各部件发生故障的可能性，使其处于最佳工作状态。

9.1.1 计算机维护的重要性

现今计算机已成为日常工作和生活中不可缺少的工具。而随着信息技术的发展，计算机在实际使用中开始面临越来越多的系统维护和管理问题，如硬件故障、软件故障、病毒防范和系统升级等，如果不能及时、有效地处理这些问题，将会给正常工作和生活带来不良的影响。为此，需要全面地针对计算机系统进行维护服务，以较低的成本换来较为稳定的系统性能，保证日常工作的正常进行。

9.1.2 保持良好的工作环境

计算机对工作环境有较高的要求，长期工作在恶劣环境中很容易使计算机出现故障。因此，对于计算机的工作环境主要有以下几点要求。

- **做好防静电工作**：静电有可能造成计算机中各种芯片的损坏。为防止静电造成的损害，在打开机箱前应当用手接触暖气管或水管等可以放电的物体，将身体的静电放掉后再接触计算机中的部件。另外，在安装计算机时，将机壳用导线接地，也可起到很好的防静电效果。

- **预防震动和噪音**：震动和噪声会造成计算机内部件的损坏（如硬盘损坏或数据丢失等），因此不能工作在震动和噪音很大的环境中，如确实需要将其放置在震动和噪音大的环境中，应考虑安装防震和隔音设备。

- **避免过高的工作温度**：计算机应工作在 20~25℃的环境中，过高的温度会使计算机在工作时产生的热量散不出去，轻则缩短使用寿命，重则烧毁芯片。因此最好在放置计算机的房间安装空调，以保证计算机正常运行时所需的环境温度。

- **湿度不能过高**：计算机在工作状态中应保持良好的通风，以降低机箱内的湿度，否则主机内的线路板容易腐蚀，使板卡过早老化。

- **防止灰尘过多**：由于计算机各部件非常精密，如果在较多灰尘的环境中工作，就可能堵塞计算机的各种接口，使其不能正常工作。因此，不要将计算机置于灰尘过多的环境中，如果不能避免，应做好防尘工作。另外，最好每月清理一次机箱内部的灰尘，做好计算机的清洁工作，以保证其正常运行。

- **保证计算机的工作电源稳定**：电压不稳容易对计算机的电路和部件造成损害。由于市电供应存在高峰期和低谷期，电压经常会波动，因此最好配备稳压器，以保证计算机正常工作所需的稳定电源。另外，如果突然停电，则有可能会造成计算机内部数据的丢失，严重时还会造成系统不能启动等故障。因此，要想对计算机进行电源保护，推荐配备一个小型的家用 UPS 电源（不间断电源供应设备），如图 9-1 所示。

计算机主机和显示器电源接口

图 9-1　家用 UPS 电源

9.1.3　注意计算机的安放位置

计算机的安放位置也比较重要，在计算机的日常维护中，应该注意以下几点。

● 计算机主机的安放应当平稳，并保留必要的工作空间，用于放置磁盘和光盘等常用配件。

● 要调整好显示器的高度，应保持显示器上边与视线基本平行，太高或太低都容易使操作者疲劳，图 9-2 所示为错误和正确的显示器摆放位置。

171

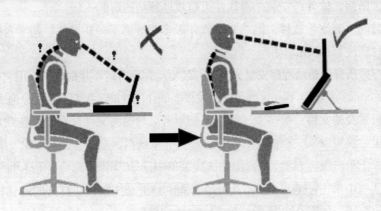

图 9-2　错误和正确的显示器摆放位置

● 当计算机停止工作时，最好能盖上防尘罩，防止灰尘对计算机的侵袭。但在计算机正常使用的情况下，一定要将防尘罩拿下来，以保证散热。

● 北方较冷的地方，计算机最好放在有暖气的房间；南方较热的地方，则最好放在有冷气的房间。

多学一招

温度和湿度对计算机的影响

温度过高或过低，湿度较大等都容易使计算机的板卡变形而产生接触不良等故障。尤其是南方的梅雨季节更应该注意，保证计算机每个月通电一二次，每一次的通电时间应不少于两个小时，以避免潮湿的天气使板卡变形，导致计算机不能正常工作。

9.1.4 维护计算机的软件

软件故障在计算机故障中所占比例很大，特别是频繁地安装和卸载软件，会产生大量的垃圾文件，降低计算机的运行速度，因此软件也需进行维护。操作系统的优化也可以看作计算机软件维护的一个方面，软件维护还包括以下几个方面的内容。

- **系统盘问题**：系统安装时系统盘分区不要太小，否则需要经常对 C 盘进行清理。除了必要的程序以外，其他的软件尽量不要安装在系统盘，系统盘的文件格式尽可能选择 NTFS 格式。

- **注意杀毒软件和播放器**：很多计算机出现故障是因为软件冲突，特别是杀毒软件和播放器。一个系统装两个以上的杀毒软件就可能会造成系统运行缓慢甚至死机蓝屏等。大部分播放器装好后会在后台形成加速进程，两个或两个以上播放器会造成互抢宽带，网速过慢等问题，计算机配置不好时还有可能死机等。

- **设置好自动更新**：自动更新可以为计算机的许多漏洞打上补丁，也可以避免病毒利用系统漏洞攻击计算机，所以应该设置好系统的自动更新。

- **阅读说明书中关于维护的章节**：很多常见的问题和维护方法在硬件或软件的说明书中都有标识，组装完计算机后应该仔细阅读说明书。

- **安装防病毒软件**：安装杀毒软件可有效地预防病毒的入侵。

- **安装防"流氓"软件**：网络共享软件很多都捆绑了一些插件，初学者在安装这类软件时应注意选择和辨别。

- **保存好所有的驱动程序安装光盘**：原装驱动程序可能不是最好的，但它一般都是最适用的。最新的驱动不一定能更好地发挥老硬件的性能，我们不宜过分追求最新的驱动。

- **备份重要的文件**：很多人（特别是初学者）习惯将文件保存在系统默认的文档里，这里建议将默认文档的存放路径转移到非系统盘。方法是在"开始"菜单的"文档"命令上单击鼠标右键，在弹出的快捷菜单中选择"属性"命令，在打开的"文档 属性"对话框中单击 删除(R) 按钮；再单击 包含文件夹(I)… 按钮，在打开的对话框中设置新的存放路径，如图 9-3 所示，单击 包括文件夹 按钮。

图 9-3　更改默认文档的位置

- **每周维护**：清除垃圾文件、整理硬盘里的文件、用杀毒软件深入查杀一次病毒，都是计算机日常维护中的主要工作。此外，还需每月进行一次碎片整理，运行硬盘查错工具。

- **清理回收站中的垃圾文件**：定期清空回收站释放系统空间，或直接按下【Shift+Delete】组合键完全删除文件。
- **注意清理系统桌面**：桌面上不宜存放太多东西，否则影响计算机的运行和启动速度。

下面以整理系统盘中的文件和碎片为例，介绍计算机软件维护的相关知识，其具体操作如下。

微课视频
整理系统盘

（1）选择【开始】/【所有程序】/【附件】/【系统工具】/【磁盘清理】命令，打开"磁盘清理 驱动器选择"对话框。在"驱动器"下拉列表框中选择需要清理的磁盘，单击 确定 按钮，如图9-4所示。

（2）打开"新加卷(C:)的磁盘清理"对话框，在"要删除的文件"列表框中选择要清理的文件类型，单击 确定 按钮，如图9-5所示。

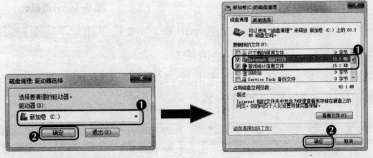

图9-4　选择清理的磁盘　　　　图9-5　选择清理的文件类型

（3）打开提示对话框，单击 删除文件 按钮确认清理，如图9-6所示。

（4）系统开始对选择的文件进行清理，并显示进度，清理完成后将自动退出磁盘清理程序，如图9-7所示。

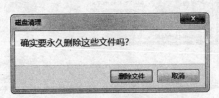
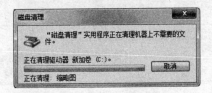

图9-6　确认操作　　　　　　　图9-7　显示清理进度

知识提示

磁盘碎片

　　磁盘碎片是由于对计算机进行频繁的存储和删除操作，使完整的文件变成不连续的碎片形式存储在磁盘上，这不仅影响文件打开的速度，严重时还将导致存储的文件丢失等。

（5）选择【开始】/【所有程序】/【附件】/【系统工具】/【磁盘碎片整理程序】命

令，打开"磁盘碎片整理程序"对话框。在列表框中选择要整理的磁盘，单击 按钮，如图9-8所示。

（6）系统开始分析所选硬盘分区中的磁盘碎片并显示进度，如图9-9所示。

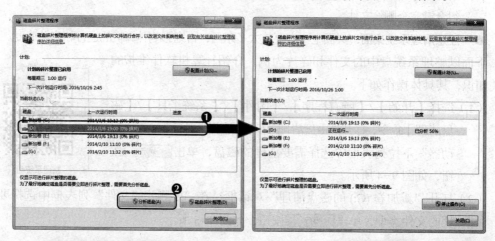

图9-8 选择磁盘　　　　　　　　　图9-9 分析磁盘

（7）系统将分析结果以百分比形式显示出来（10%以下通常不需要进行碎片整理），单击 按钮，如图9-10所示。

（8）系统开始整理所选硬盘分区中的磁盘碎片，并显示进度。整理完毕后，单击 按钮完成操作，如图9-11所示。

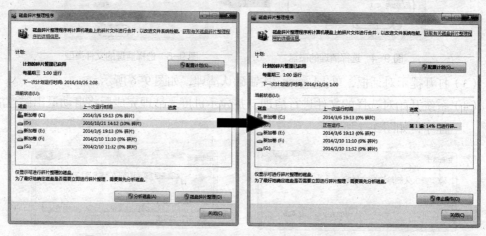

图9-10 开始整理　　　　　　　　　图9-11 完成整理

9.2 计算机硬件的日常维护

米拉向一些计算机硬件专家请教，计算机硬件是否需要进行日常维护。他们明确地告诉米拉：肯定需要。因为在使用过程中由于操作不当等人为因素，很可能造成计算机硬件故障，所以应对这些硬件进行维护。由于各种硬件有不同的功能，不同硬件的维护方法也不同，下面分别进行介绍。

9.2.1 维护 CPU

CPU 的运行状态会对整机的稳定性产生直接影响，对 CPU 的维护主要在于频率和散热两方面，其日常维护方法如下。

- **用好硅脂：** 硅脂在使用时要涂于 CPU 表面内核上，薄薄的一层即可，过量使用有可能渗漏到 CPU 表面接口处。硅脂在使用一段时间后会干燥，这时可以除净后再重新涂上硅脂。

- **减压和避震：** 如果 CPU 和散热风扇安装过紧，可能导致 CPU 的针脚或触点被压损。因此在安装 CPU 和散热风扇时，应该注意用力要均匀，压力亦要适中。

- **保证良好的散热：** CPU 的正常工作温度为 50℃以下，具体工作温度根据不同 CPU 的主频而定。另外，CPU 风扇散热片质量要好，最好带有测速功能，这样可与主板监控功能配合监测风扇工作情况。图 9-12 所示为鲁大师软件监控计算机各种硬件的温度情况，包括 CPU 温度和风扇转速。另外，散热片的底层以厚为佳，这样有利于主动散热，保障机箱内外的空气流通。

图 9-12　硬件温度监测

9.2.2 维护主板

主板是计算机的核心部件，部分硬件故障就是因为主板与其他部件接触不良或主板损坏所产生的。做好主板的维护可以保证计算机的正常运行，还可以延长计算机的使用寿命。主板维护主要包括以下几点内容。

- **防范高压：** 停电时应立刻拔掉主机电源，避免突然来电时，产生的瞬间高压烧毁主板。

- **防范灰尘：** 清理灰尘是主板最重要的日常维护，清理时可以使用比较柔软的毛刷清除主板上的灰尘。平时使用时，不要将机箱盖打开，避免灰尘积聚在主板中。

- **最好不要带电拔插：** 除了支持即插即用的设备外（即使是这种设备，最好也要减少进行带电拔插），在计算机运行时，禁止带电拔插各种控制板卡和连接电缆，因为在拔插瞬间产生的静电放电和信号电压的不匹配等现象容易损坏芯片。

9.2.3 维护硬盘

硬盘是电脑中主要的数据存储设备，其日常维护应该注意以下几项。

● **正确地开关计算机电源**：硬盘处于工作状态时（读或写盘时），尽量不要强行关闭主机电源，因为硬盘在读写过程中如果突然断电容易造成硬盘物理性损伤或丢失各种数据等，尤其是正在进行高级格式化时。

● **工作时一定要防震**：必须要将计算机放置在平稳、无震动的工作平台上，尤其是在硬盘处于工作状态时要尽量避免移动硬盘。此外，在硬盘启动或停机过程中也不要移动硬盘。

● **保证硬盘的散热**：硬盘温度直接影响着其工作的稳定性和使用寿命，硬盘在工作中的温度以 20℃～25℃为宜。

● **不能私自拆卸硬盘**：拆卸硬盘需要在无尘的环境下进行，因为如果灰尘进入硬盘内部，那么磁头组件在高速旋转时就可能带动灰尘将盘片划伤或将磁头自身损坏，这势必会导致数据的丢失，硬盘也极有可能损坏。

● **最好不要压缩硬盘**：不要使用 Windows 操作系统自带的"磁盘空间管理"进行硬盘压缩，因为压缩之后硬盘读写数据的速度会大大减慢，而且读盘次数也会因此变得频繁。这会对硬盘的发热量和稳定性产生影响，还可能缩短硬盘的使用寿命。

知识提示

维护内存

内存是比较"娇贵"的部件，静电对其伤害最大，因此在插拔内存条时，一定要先释放自身的静电。在计算机的使用过程中，绝对不能对内存条进行插拔，否则会出现烧毁内存甚至烧毁主板的危险。另外，安装一根内存条时，应首选和 CPU 插槽接近的插槽，因为内存条被 CPU 风扇带出的灰尘污染后可以清洁，而插座被污染后却极不易清洁。

9.2.4 维护显卡和显示器

散热一直是使用显卡最主要的问题，由于显卡的发热量较大，因此要注意散热风扇是否正常转动，散热片与显示芯片是否接触良好等。显卡温度过高，经常会引起系统运行不稳定、蓝屏和死机等现象。另外，须注意驱动程序和设备中断两方面的问题，重新安装正确的驱动程序和在 BIOS 中重新为其分配中断，一般可以解决该问题。

目前的显示器多为液晶显示器，其日常维护应该注意以下两项。

● **保持工作环境的干燥**：启动显示器后，水分会腐蚀显示器的液晶电极，最好准备一些干燥剂（药店有售）或干净的软布，随时保持显示屏的干燥。如果水分已经进入显示器里面，就需要将其放置到干燥的地方，让水分慢慢蒸发。

● **避免一些挥发性化学药剂的危害**：无论是何种显示器，液体对其都有一定的危害，特别是化学药剂，其中又以具有挥发性的化学品对液晶显示器的侵害最大。如经常使用的发胶、夏天频繁使用的灭蚊剂等都会对液晶分子乃至整个显示器造成损坏，从而导致显示器使用寿命缩短。

9.2.5 维护机箱和电源

机箱是计算机主机的保护罩，其本身就有很强的自我保护能力。在使用时，需注意机箱摆放平稳，同时还需要保持其表面与内部的清洁。机箱和电源的维护主要包括以下几点。

- **保证机箱散热**：使用计算机时，不要在机箱附近堆放杂物，以保证空气的畅通，使主机工作时产生的热量能够及时散出。
- **保证电源散热**：如发现电源的风扇停止工作，必须切断电源以防止电源烧毁甚至造成其他更大的损坏。另外，要定期检查电源风扇是否正常工作，一般3~6个月检查一次。
- **注意电源除尘**：电源在长时间工作中，会积累很多灰尘，造成散热不良。同时灰尘过多，在潮湿的环境中也会造成电路短路的现象，因此为了系统能正常稳定地工作，应定期对电源除尘。最好在使用一年左右时，打开电源，用毛刷清除内部的灰尘，同时为电源风扇添加润滑油。

9.2.6 维护鼠标和键盘

键盘和鼠标是电脑最重要、使用最频繁的输入设备，掌握正确使用及维护键盘、鼠标的方法，能够让键盘、鼠标使用起来更加得心应手。

1．维护鼠标

鼠标要预防灰尘、强光以及拉拽等，内部沾上灰尘会使鼠标机械部件运作不灵，强光会干扰光电管接收信号。因此日常维护鼠标主要有以下几个方面。

- **注意灰尘**：鼠标的底部长期和桌面接触，最容易被污染。尤其是机械式和光学机械式鼠标的滚动球极易将灰尘、毛发、细纤维等带入鼠标中。使用鼠标垫，不但可使鼠标移动更平滑，而且可减少污垢进入鼠标的可能性。
- **小心拔插**：除 USB 接口外，尽量不要对 PS/2 键盘和鼠标进行热插拔。
- **保证感光性**：使用光电鼠标时，要注意保持鼠标垫的清洁，使其处于更好的感光状态，避免污垢附着在发光二极管和光敏三极管上，遮挡光线接收。光电鼠标勿在强光条件下使用，也不要在反光率高的鼠标垫上使用。
- **正确操作**：操作时不要过分用力，防止鼠标按键的弹性降低，导致操作失灵。

2．维护键盘

键盘使用频率较高，按键用力过大、金属物掉入键盘或茶水等液体溅入键盘内，都可能造成键盘内部微型开关弹片变形或被锈蚀，出现按键不灵等现象，因此可从以下几点进行维护。

- **经常清洁**：日常维护或更换键盘时，应切断计算机电源。另外还应定期清洁键盘表面的污垢，一般清洁可以用柔软干净的湿布擦拭键盘，对于顽固的污渍可用中性的清洁剂擦除，最后再用湿布擦拭一遍。
- **保证干燥**：当有液体溅入键盘时，应首先尽快关机，将键盘接口拔下，然后打开键盘，用干净吸水的软布或纸巾擦干内部的积水，最后在通风处自然晾干即可。

● **正确操作**：在按键时一定要注意力度适中，动作轻柔，强烈的敲击会缩短键盘的寿命。尤其在玩游戏时更应该注意，不要使劲按键，以免损坏键帽。

9.3 项目实训：清理计算机中的灰尘

9.3.1 实训目标

本实训的目标是对一台计算机中的灰尘进行清理，通过本次操作，巩固对计算机硬件进行日常维护的相关知识，减少计算机出现故障的概率。

9.3.2 专业背景

灰尘对计算机的损坏很大，不仅影响散热，而且一旦遇上潮湿的天气就会导电，损毁计算机硬件。在计算机的日常维护中，清理灰尘是非常重要的环节。

清理前，需要准备一些必要的工具，如吹风筒一个、小毛刷一把、十字螺丝刀一把、硬纸皮若干、橡皮擦一块、干净布、风扇润滑油、清水和酒精。另外，还可以准备吹气球一个或硬毛刷一把。在进行灰尘清理前，注意必须在完全断电的情况下工作，即将所有的计算机电源插头全部拔下后再进行。工作前，应先清洗双手，并触摸金属水龙头释放静电。另外，还没过保修期的硬件建议不要拆分。

9.3.3 操作思路

完成本实训首先要拆卸计算机的各种硬件，然后清理灰尘，最后将计算机组装起来，其操作思路如图 9-13 所示。

①拆卸硬件

②清理灰尘

图 9-13 清理计算机灰尘的操作思路

【步骤提示】

（1）先用螺丝刀将机箱盖拆开（也有部分机箱可以直接用手拆开），然后拔掉所有的插头。

（2）将内存拆下来，使用橡皮擦轻轻地擦拭金手指，注意不要碰到电子元件。至于电路板部分，使用小毛刷轻轻将灰尘扫掉即可。

（3）将 CPU 散热器拆下，将散热片和风扇分离，用水冲洗散热片，然后用吹风筒吹干即可，风扇可用小毛刷加布或纸清理干净。将风扇的不干胶撕下，向小孔中滴一滴润滑油（注意不要加太多），接着转动风扇片以便将孔口的润滑油渗进里面，最后擦干净孔口四周的润滑油，用新的不干胶封好即可。在清理机箱电源时，其风扇也要除尘加油。

（4）如果有独立显卡，也要清理金手指并加滴润滑油。

（5）对于整块主板来说，可用小毛刷将灰尘刷掉（不宜用力过大），再用吹风筒猛吹（如果天气潮湿，最好用热风），最后用吹气球做细微的清理即可。插槽部分可用硬纸片插进去，来回拖动几下即可达到除尘的效果。

（6）检查光驱和硬盘接口，并用硬纸皮清理。

（7）机箱表面、键盘和显示器的外壳，都用带酒精的布进行涂抹。清理键盘的键缝需要慢慢地用布抹，也可用棉签清理。

（8）显示器最好用专业的清洁剂进行清理，然后用布抹干净。计算机中的各种连线和插头，最好都用布抹干净。

9.4　课后练习

本章主要介绍了计算机日常维护的重要性、如何进行日常维护、如何进行磁盘清理和碎片整理，以及计算机各主要硬件的日常维护等知识。读者应认真学习和掌握本章的内容，日常维护对于任何使用计算机的用户都是一项必须掌握的知识。

（1）对计算机进行一次磁盘碎片整理操作，看看整理后计算机的速度是否有变化。

（2）对自己的计算机进行一次灰尘清理操作。

9.5　技巧提升

1．打印机的日常维护

打印机是最常用到的计算机外部设备，其日常维护主要有以下几个方面。

● **水平放置**：这项主要针对喷墨打印机，打印机放置的地方必须是水平面，倾斜工作不但会影响打印效果，减慢喷嘴工作速度，而且会损害内部的机械结构。打印机不要放在地上，特别是铺有地毯的地面，以免有异物或灰尘飞入机器内部。

● **做好防尘措施**：打印机工作时，不要打开前面板，避免灰尘吹入机器内部。打印完毕，散热半小时后，应立即盖上防尘罩，不要空置在房间中。

● **正确关机**：不使用打印机或搬动打印机之前，要先进行永久断电。首先关掉打印机电源，让喷嘴复位；然后盖上墨水盒，防止墨水挥发；最后拔去电源线和信号线，这样在搬动时也不容易损坏喷嘴。

● **正确安装墨盒**：墨盒的支撑机构可受力度很小，安装新墨盒时千万小心。按照正常设计，墨盒用适当力度即可安装好，不要大力推动支架。

- **适时清洁**：打印机外部和内部一样，都要定时进行清洁。外部可以用湿水软布来擦，清洁液体必须是水之类的中性物质，绝对不能用酒精。内部尽量用干的布来擦，且不要接触内部的电子元件、机械装置等。

- **避免重压**：有些人经常在打印机上面放置其他物体，这样可能会压坏打印机外壳，一些细小东西也会掉入打印机内。注意饮料、茶杯等都是禁放品。

- **不能使用多种墨水**：由于各厂商使用的墨水化学成份不同，尽量选用对应品牌的墨水，不要频繁更换，以免对墨盒和打印头造成伤害。墨盒是有一定寿命的，加墨的次数也不是无限的，通常安全的方法是使用十次以内就更换。

- **墨水一定要使用**：由于彩色墨盒价格昂贵，部分用户舍不得用，但这样也会带来很多麻烦。因为喷嘴每喷一次墨，总有剩余的墨水留在附近，喷墨打印机在使用时，墨盒中的新墨水会冲洗掉上次剩余的墨水，否则它们会慢慢凝固，造成喷嘴堵塞。而且不用墨水，有些打印机会定时自动清洗喷嘴，反而造成更大的浪费。

2. 笔记本电脑的日常维护

笔记本电脑比普通计算机的寿命短，更加需要进行维护。笔记本电脑能否保持良好的状态，与使用环境以及个人的使用习惯有很大的关系。好的使用环境和习惯能够减少笔记本电脑维护的复杂程度，并且能最大限度的发挥其性能。导致笔记本电脑损坏的几大环境因素如下。

- **注意环境湿度**：潮湿的环境对笔记本电脑有很大的损伤。在潮湿的环境下存储和使用会导致笔记本电脑内部的电子元件遭受腐蚀，加速氧化，从而加快笔记本电脑的损坏。同时不能将水杯和饮料放在笔记本电脑旁，一旦液体流入，笔记本电脑可能瞬间报废。

- **保持清洁度**：笔记本电脑应尽可能在少灰尘的环境下使用，使用环境灰尘过多会堵塞计算机的散热系统，容易引起内部零件之间的短路，从而使笔记本电脑的使用性能下降甚至损坏。

- **防止震动**：在跌落、冲击、拍打和放置在较大震动的表面上使用笔记本电脑，系统在运行时外界的震动会使硬盘受到伤害甚至损坏，震动同样会导致外壳和屏幕的损坏。此外，不宜将笔记本电脑放置在床、沙发、桌椅等软性设备上使用，否则容易造成断折和跌落。

CHAPTER 10

第 10 章
计算机的安全维护

情景导入

　　随着网络的发展，计算机和 Internet 几乎时刻结合在一起，但网络环境的复杂性使计算机面临的各种安全威胁也越来越严重。所以，对计算机维护人员来说，计算机的安全维护已经成为一项非常重要的工作，其重要性甚至超过了硬件的日常维护。米拉为了对公司计算机的安全进行更好的维护，开始学习计算机安全维护的相关知识。

学习目标

● 掌握查杀计算机病毒的相关知识。

　　如计算机病毒的直接和间接表现，预防、检测和消除病毒，利用软件查杀病毒等。

● 掌握修复系统漏洞和防御黑客的相关知识。

　　如什么是系统漏洞、利用软件修复系统漏洞、黑客攻击的常用手段、预防黑客攻击、利用软件防御黑客攻击等。

案例展示

▲ 查杀病毒

▲ 清理木马程序

10.1 查杀计算机病毒

米拉来到公司的一台计算机前，看着屏幕上移动得像蜗牛一样的鼠标，告诉同事，这台计算机很明显是中了病毒，计算机的运行速度很慢，有死机的危险，最好重新启动，并进行病毒查杀，否则可能需要重新安装操作系统来解决。

病毒已成为威胁计算机安全的主要因素之一，而且随着网络的不断普及，这种威胁也变得越来越严重。因此，防范病毒是保障计算机安全的首要任务，计算机操作人员必须及时发现病毒，并做好必要的防范措施。

10.1.1 了解计算机病毒

计算机病毒本身也是一种程序，由一组程序代码构成。不同之处在于，计算机病毒会对计算机的正常使用造成破坏。

1. 病毒的直接表现

虽然病毒入侵计算机的过程通常在后台，并在入侵后潜伏于计算机系统中等待机会。但这种入侵和潜伏的过程并不是毫无踪迹的，当计算机出现异常现象时，就应该使用杀毒软件扫描计算机，确认是否感染病毒。这些异常现象包括以下几方面。

- **系统资源消耗加剧**：硬盘中的存储空间急剧减少，系统中基本内存发生变化，CPU的使用率保持在 80% 以上。

- **性能下降**：计算机运行速度明显变慢，运行程序时经常提示内存不足或出现错误；计算机经常在没有任何征兆的情况下突然死机；硬盘经常出现不明的读写操作，在未运行任何程序时，硬盘指示灯不断闪烁甚至长亮不熄。

- **文件丢失或被破坏**：计算机中的文件莫名丢失、文件图标被更换、文件的大小和名称被修改以及文件内容变成乱码，原本可正常打开的文件无法打开。

- **启动速度变慢**：计算机启动速度变得异常缓慢，启动后在一段时间内系统对用户的操作无响应或响应变慢。

- **其他异常现象**：系统的时间和日期无故发生变化；自动打开 IE 并链接到不明网站；突然播放不明的声音或音乐，经常收到来历不明的邮件；部分文档自动加密；计算机的输入／输出端口不能正常使用等。

2. 病毒的间接表现

某些病毒会以"进程"的形式出现在系统内部。这时我们可以通过打开系统进程列表来查看正在运行的进程，通过进程名称及路径判断是否产生病毒，如果有则记下其进程名，结束该进程，然后删除病毒程序即可。

计算机的进程一般包括基本系统进程和附加进程，了解这些进程所代表的含义，可以方便用户判断是否存在可疑进程，进而判断计算机是否感染病毒。基本系统进程对计算机的正常运行起着至关重要的作用，因此不能随意将其结束。常用进程主要包括如下几项。

- **Explorer.exe**：该进程用于显示系统桌面上的图标以及任务栏图标。

- **Spoolsv.exe**：该进程用于管理缓冲区中的打印和传真作业。
- **Lsass.exe**：该进程用于管理 IP 安全策略及启动 ISAKMP/Oakley（IKE）和 IP 安全驱动程序。
- **Servi.exe**：该进程指系统服务的管理工具，包含很多系统服务。
- **Winlogon.exe**：该进程用于管理用户登录系统。
- **Smss.exe**：该进程指会话管理系统，负责启动用户会话。
- **Csrss.exe**：该进程指子系统进程，负责控制 Windows 创建或删除线程以及 16 位的虚拟 DOS 环境。
- **Svchost.exe**：系统启动时，Svchost.exe 将检查计算机中的位置来创建需要加载的服务列表。如果多个 Svchost.exe 同时运行，则表明当前有多组服务处于活动状态，或者是多个 .dll 文件正在调用它。
- **System Idle Process**：该进程是作为单线程运行的，并在系统不处理其他线程时分派处理器的时间。

	附加进程
知识提示	Wuauclt.exe（自动更新程序）、Systray.exe（系统托盘中的声音图标）和 Ctfmon.exe（输入法）以及 Mstask.exe（计划任务）等属于附加进程，可以按需取舍，不会影响系统的正常运行。

10.1.2 计算机病毒的防治

计算机病毒具有强大的破坏能力，不仅会造成资源和财产的损失，随着波及范围的扩大，还有可能造成社会性的灾难。用户在日常使用计算机的过程中，应做好防治工作，将感染病毒的几率降到最低。

1. 预防病毒

计算机病毒固然猖獗，但只要用户加强病毒防范意识和防范措施，就可以降低计算机被病毒感染的几率和破坏程度。计算机病毒的预防主要包括以下几个方面。

- **安装杀毒软件**：计算机中应安装杀毒软件，开启软件的实时监控功能，并定期升级杀毒软件的病毒库。
- **及时获取病毒信息**：通过登录杀毒软件的官方网站、查阅计算机报刊和相关新闻，获取最新的病毒预警信息，学习最新病毒的防治和处理方法。
- **备份重要数据**：使用备份工具软件备份系统，以便在计算机感染病毒后可以及时恢复。同时，重要数据应利用移动存储设备或光盘进行备份，减少病毒造成的损失。
- **杜绝二次传播**：当计算机感染病毒后应及时使用杀毒软件清除和修复，注意不要将计算机中感染病毒的文件复制到其他计算机中。若局域网中的某台计算机感染了病毒，应及时断开网线，以免其他计算机被感染。
- **切断病毒传播渠道**：使用正版软件，拒绝使用盗版和来历不明的软件；网上下载的文件要先杀毒再打开；使用移动存储设备时也应先杀毒再使用；同时注意不要随便打开来历不明的电子邮件和 QQ 好友传送的文件等。

2．检测和清除病毒

目前，计算机病毒的检测和消除办法主要有以下两种。

● **人工方法**：该方法是指借助于一些 DOS 命令和修改注册表等来检测与清除病毒。这种方法操作复杂，容易出错，且有一定的危险性，一旦操作不慎就会导致严重的后果，要求操作者对系统与命令十分熟悉。这种方法常用于自动方法无法清除的新病毒。

● **自动方法**：该方法是针对某一种或多种病毒使用专门的反病毒软件或防病毒卡自动对病毒进行检测和清除处理。它不会破坏系统数据，操作简单，运行速度快，是一种较为理想、也是目前较为通用的检测和消除病毒的方法。

3．病毒查杀的注意事项

普通用户一般都是使用反病毒软件查杀电脑病毒。为了得到更好的杀毒效果，在使用反病毒软件时需注意以下几个方面。

● **不能频繁操作**：对计算机不可频繁地进行查杀病毒操作，这样不但不能取得很好的效果，有时可能会导致硬盘损坏。

● **在多种模式下杀毒**：当发现病毒后，一般情况下都是在操作系统的正常登录模式下杀毒。当杀毒操作完成后，还须启动到安全模式下再次查杀，以便彻底清除病毒。

● **选择全面的杀毒软件**：病毒软件不仅应包括常见的查杀病毒功能，还应该同时包括实时防毒功能、实时监测和跟踪功能，一旦发现病毒，立即报警，只有这样才能最大程度地减少被病毒感染的概率。

10.1.3　使用软件查杀病毒

通常在使用杀毒软件查杀病毒前，最好先升级软件的病毒库，再进行病毒查杀。本例将使用 360 杀毒软件查杀病毒，其具体操作如下。

微课视频

使用软件查杀病毒

（1）在桌面上单击 360 杀毒实时防护图标，打开主界面窗口，单击最下面的"检查更新"超链接，如图 10-1 所示。

（2）打开"360 杀毒 - 升级"对话框，连接到网络检查病毒库是否为最新，如果非最新状态，就开始下载并安装最新的病毒库，如图 10-2 所示。

（3）在打开的对话框中显示病毒库升级完成，单击 关闭 按钮，如图 10-3 所示，返回 360 杀毒主界面，单击"快速扫描"按钮。

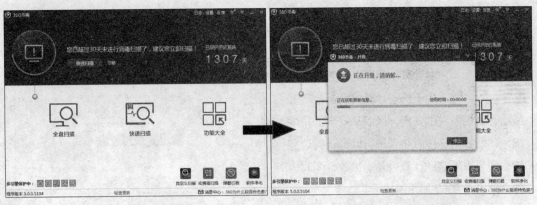

图 10-1　360 杀毒主界面　　　　　图 10-2　升级病毒库

（4）360 杀毒开始对计算机中的文件进行病毒扫描，按照系统设置、常用软件、内存活
　　　跃程序、开机启动项和系统关键位置的顺序进行。如果在扫描过程中发现对计算
　　　机安全有威胁的项目，就将其显示在界面中，如图 10-4 所示。

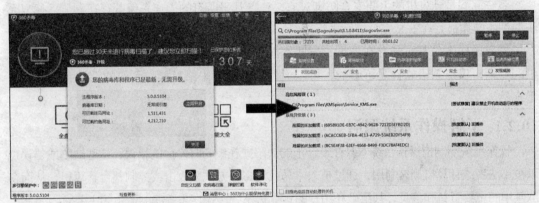

图 10-3　完成升级　　　　　　　　图 10-4　病毒扫描

（5）扫描完成后，360 杀毒将显示所有扫描到的威胁情况，单击 立即处理 按钮，如图 10-5
　　　所示。

（6）360 杀毒对扫描到的威胁进行处理，并显示处理结果，单击 确认 按钮即可完成病
　　　毒的查杀操作，如图 10-6 所示。

图 10-5　完成扫描　　　　　　　　图 10-6　完成查杀

重新启动计算机

在使用360杀毒软件对计算机病毒进行查杀后，由于一些计算机病毒会严重威胁计算机系统的安全，所以从安全的角度出发，须针对一些威胁项进行处理，处理完成后需要重新启动计算机才能生效，同时软件会给出图10-7所示的提示。

图10-7 重新启动计算机

10.2 修复操作系统漏洞

系统漏洞是计算机的主要安全防御对象之一，几乎所有的操作系统都存在漏洞。修复系统漏洞的操作最好在安装完系统后进行。

任何操作系统都可能存在漏洞，这些漏洞容易让计算机病毒或黑客入侵。要保护计算机的安全，仅靠杀毒软件是不够的，可以通过安装补丁来修复操作系统的漏洞，做到防患于未然。

10.2.1 了解操作系统漏洞

操作系统漏洞指操作系统本身在设计上的缺陷或在编写时产生的错误，这些缺陷或错误可以被不法者或计算机黑客利用，通过植入木马或病毒等方式来攻击或控制整台计算机，从而窃取其中的重要资料和信息，甚至破坏用户的计算机系统。操作系统漏洞产生的主要原因如下。

● **原因一**：受编程人员的能力、经验和当时安全技术所限，在程序中难免会有不足之处，轻则影响程序功能，重则导致非授权用户的权限提升。

● **原因二**：由于硬件原因，使编程人员无法弥补硬件的漏洞，从而使硬件的问题通过软件表现了出来。

● **原因三**：由于人为因素，程序开发人员在程序编写过程中，为实现某些目的，在程序代码的隐蔽处保留了后门。

10.2.2 使用软件修复操作系统漏洞

除了通过操作系统自身升级修复系统漏洞外，最常用的方法就是通过软件进行修复。下面以360安全卫士修复操作系统漏洞为例进行讲解，其具体操作如下。

（1）打开360安全卫士的主界面窗口，单击左下角的"查杀修复"按钮⚡，如图10-8所示。

（2）进入360安全卫士的查杀修复界面，单击右下角的"漏洞修

微课视频

使用软件修复操作系统漏洞

复"按钮，如图 10-9 所示。

| 图 10-8 查杀修复 | 图 10-9 漏洞修复 |

（3）程序将自动检测系统中存在的各种漏洞，并将漏洞按照不同的危险程度和功能进行分类。单击选中需要修复的漏洞前的复选框，单击 [立即修复] 按钮，如图 10-10 所示。

选择需要修复的漏洞

通常 360 安全卫士会将最重要也是必须要修复的系统漏洞全部自动选中，其他一些对系统安全危险性较小的系统漏洞，则需要用户自行选择是否修复。

（4）此时 360 安全卫士开始下载漏洞补丁程序，并显示下载进度。下载完一个漏洞的补丁程序后，360 安全卫士将继续下载下一个漏洞的补丁程序，并安装下载完的补丁程序，如图 10-11 所示。

| 图 10-10 选择需要修复的漏洞 | 图 10-11 下载并安装补丁程序 |

（5）如果安装补丁程序成功，将在该选项的"状态"栏中显示"已修复"字样，如图 10-12 所示。

（6）待全部漏洞修复完成后，将显示修复结果，最好单击 [重新扫描] 按钮，重新对系统漏洞进行扫描，保证系统中的漏洞已经全部被修复，如图 10-13 所示。另外，为了保证系统漏洞修复的安全性，在修复完成后应该重新启动计算机。

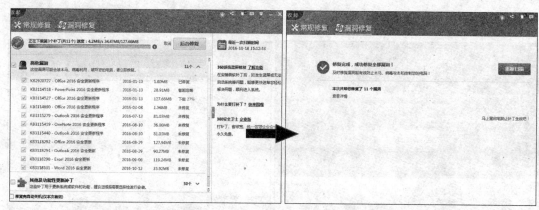

图 10-12 修复漏洞　　　　　　　　图 10-13 重新扫描

自动检测系统漏洞

　　通常 360 安全卫士会自动检测最新的系统漏洞补丁程序，并打开一个提示窗口，单击 一键修复 按钮即可自动修复漏洞。

10.3　防御黑客攻击

　　计算机需要防御的另外一种安全威胁来自黑客的攻击。黑客攻击最常见的就是利用木马程序攻击计算机。黑客（Hacker）是对计算机系统非法入侵者的称呼，黑客攻击计算机的手段各式各样，如何防止黑客的攻击成为了计算机用户最关心的计算机安全问题之一。

10.3.1　黑客攻击的常用手段

　　黑客通过一切可能的途径来达到攻击计算机的目的。下面简单介绍一些黑客常用的手段。

- **网络嗅探器**：黑客使用专门的软件查看 Internet 的数据包或使用侦听器程序对网络数据流进行监视，从中捕获口令或相关信息。
- **文件型病毒**：黑客通过网络不断地向目标主机的内存缓冲器发送大量数据，以摧毁主机控制系统或获得控制权限，并致使接受方运行缓慢或死机。
- **电子邮件炸弹**：电子邮件炸弹是匿名攻击之一，不断地、大量地向同一地址发送电子邮件，从而让攻击者耗尽接受者网络的带宽。
- **网络型病毒**：真正的黑客拥有非常强的计算机技术，他们可以通过分析 DNS 直接获取 Web 服务器等主机的 IP 地址，在没有障碍的情况下完成侵入的操作。
- **木马程序**：木马的全称是"特洛依木马"，它是一类特殊的程序，一般以寻找后门、窃取密码为主。对于普通计算机用户而言，防御黑客主要是防御木马程序。

10.3.2　预防黑客攻击

　　黑客攻击用的木马程序一般通过绑定在其他软件、电子邮件或感染邮件客户端软件等方式进行传播，因此，应从以下几个方面来进行预防。

- **不要执行来历不明的软件：** 木马程序一般通过绑定在其他软件上进行传播，一旦运行了这个被绑定的软件，计算机就会被感染，因此在下载软件时，要去一些信誉比较高的站点。在软件安装之前用反病毒软件进行检查，确定无毒后再安装。
- **不要随意打开邮件附件：** 有些木马程序通过邮件来进行传递，而且还会连环扩散，因此在打开邮件附件时需要注意。
- **重新选择新的客户端软件：** 很多木马程序主要感染的是 Outlook 和 OutLook Express 的邮件客户端软件，因为这两款软件全球使用量最大，黑客们对它们的漏洞已经了解得比较透彻。如果选用其他的邮件软件，受到木马程序攻击的可能性就会减小。
- **少用共享文件夹：** 如因工作需要，必须将计算机设置为共享，则最好把共享文件放置在一个单独的共享文件夹中。
- **运行反木马实时监控程序：** 在上网时最好运行反木马实时监控程序（如 The Cleaner 软件），一般都能实时显示当前所有运行程序并有详细的描述信息。另外，再安装一些专业的最新杀毒软件、个人防火墙等进行监控。
- **经常升级操作系统：** 许多木马都是通过系统漏洞来进行攻击的，Microsoft 公司发现这些漏洞之后都会在第一时间内发布补丁，用户可通过给系统打补丁防止攻击。

10.3.3 使用软件防御黑客攻击

常用防御黑客攻击的软件主要有以下几类。

微课视频
使用软件防御黑客攻击

- **杀毒软件：** 常见的杀毒软件都可以对木马进行查杀，这些杀毒软件包括江民杀毒软件、360 杀毒和金山毒霸等。这些软件查杀其他病毒很有效，对木马的检查也比较有效，但不能很彻底地清除。
- **木马专杀软件：** 对木马不能只采用防范手段，还要将其彻底清除，专用的木马查杀软件一般都带有这些特性，如 The Cleaner、木马克星和木马终结者等。
- **网络防火墙：** 常见的网络防火墙软件如国外的 Lockdown、国内的天网和金山网镖等。一旦有可疑的网络连接或木马对计算机进行控制，防火墙就会报警，同时显示对方的 IP 地址、接入端口等提示信息，通过手动设置之后即可使对方无法进行攻击。

下面以 360 安全卫士为例，介绍设置木马防火墙和查杀木马的方法，其具体操作如下。

（1）启动 360 安全卫士，在主界面左下侧单击"安全防护中心"按钮，如图 10-14 所示。

（2）打开"360 安全防护中心"主界面，在"防护状态"界面中设置需要的各种网络防火墙，如图 10-15 所示。

（3）单击 返回 按钮返回到"360 安全卫士"主界面，单击左下角的"查杀修复"按钮，进入 360 安全卫士的查杀修复界面，单击"快速扫描"按钮，如图 10-16 所示。

图 10-14 启动 360 安全卫士　　　　　图 10-15 启动防火墙

（4）360 安全卫士开始进行木马扫描，并显示扫描进度和扫描结果。如果计算机中没有发现木马，将显示计算机安全，如图 10-17 所示。

图 10-16 查杀木马　　　　　　　　　图 10-17 完成查杀

处理扫描到的木马程序

如果计算机中存在木马程序，360 安全卫士将显示扫描到的木马程序或危险项，并提供处理方法。单击 立即处理 按钮，360 安全卫士将自动处理木马程序或危险项，并提示用户重新启动计算机，单击 好的，立即重启 按钮，重启计算机后，完成查杀操作。

10.4 项目实训：使用 360 安全卫士维护计算机安全

10.4.1 实训目标

本实训的目标是使用 360 安全卫士清理计算机中的木马，修复其中的漏洞，并对计算机中的各种程序进行清理，以维护计算机的安全。

10.4.2 专业背景

随着计算机硬件的发展，计算机中存储的程序和数据越来越大，

微课视频

使用 360 安全卫士维护计算机安全

如何保障存储在计算机中的数据不丢失是任何计算机用户首先要考虑的问题，也是计算机的硬件、软件生产厂家在努力研究和不断解决的问题。

10.4.3 操作思路

完成本实训主要包括查杀木马、修复漏洞和计算机清理 3 大步操作，其操作思路如图 10-18 所示。

①查杀木马　　　　　　　　②修复漏洞　　　　　　　　③计算机清理

图 10-18　计算机安全维护的操作思路

【步骤提示】

（1）启动 360 安全卫士，进入木马查杀界面，进行全盘扫描。如果发现木马程序，进行查杀和清理。

（2）进入漏洞修复界面，扫描操作系统中是否存在漏洞，然后选择需要修复的漏洞进行修复。

（3）进入计算机清理界面，先设置需要进行清理的选项，然后进行清理，最后重新启动一次计算机。

10.5　课后练习

本章主要介绍了计算机的安全设置方面的内容，包括防御病毒、修复系统漏洞和防御黑客攻击等知识。读者应认真学习和掌握本章的内容，为计算机的安全运行和维护打下良好的基础。

（1）从网上下载一个最新的杀毒软件，安装到计算机中，并全盘扫描杀毒。

（2）下载并安装天网防火墙，防御黑客的攻击。

（3）修复操作系统的漏洞。

（4）下载木马克星，对计算机进行木马查杀。

10.6　技巧提升

1．计算机日常安全防御技巧

计算机所受到的安全攻击多种多样，所以应该尽可能地提高计算机的安全防御水平。下面介绍一些常用的个人计算机安全防御知识。

- **杀（防）毒软件不可少**：对于一般用户而言，首先要为计算机安装一套正版的杀毒软件网络版本，安装杀毒软件的实时监控程序，定期升级所安装的杀毒软件，给操作系统安装相应补丁、升级引擎和病毒定义码。

- **个人防火墙不可替代**：防火墙能最大限度地阻止网络中的黑客来访问用户的网络，防止他们更改、复制和毁坏用户计算机中的重要信息。需要注意的是防火墙在安装后一定要根据需求进行详细配置，合理设置防火墙可有效防范大部分的蠕虫入侵。

- **分类设置密码并使密码设置尽可能复杂**：在不同的场合使用不同的密码，以免因一个密码泄露导致所有资料外泄。对于重要的密码（如网上银行的密码）一定要单独设置，并且不要与其他密码相同。可能的话，定期修改自己的上网密码，至少一个月更改一次，这样可以确保即使原密码泄露，也能将损失减小到最低。

- **不下载来路不明的软件及程序**：选择信誉较好的下载网站下载软件，将下载的软件及程序集中放在非引导分区的某个目录中，使用前最好用杀毒软件查杀病毒。不要打开来历不明的电子邮件及其附件，以免遭受病毒邮件的侵害。

- **警惕"网络钓鱼"**："网络钓鱼"的手段包括建立假冒网站或发送含有欺诈信息的电子邮件，盗取网上银行、网上证券或其他电子商务用户的账户密码等，从而达到窃取用户资金的目的，因此用户需要谨慎判断各种网络信息。

- **防范间谍软件**：通常有以下3个方面：一是把浏览器调到较高的安全等级；二是在计算机上安装防止间谍软件的应用程序；三是对将要在计算机上安装的共享软件进行分类选择。

- **不要随意浏览黑客和非法网站**：许多病毒、木马和间谍软件都来自黑客网站和非法网站，一旦连接到这些网站，而计算机恰巧没有缜密的防范措施，那么将很容易被黑客攻击。

- **定期备份重要数据**：无论防范措施做得多么严密，也无法完全防止"道高一尺，魔高一丈"的情况出现，因此重要的数据就需要进行日常备份操作。

2．锁定网络主页

主页被窜改是最常见的网络安全问题，而利用组策略锁定主页，则可以彻底解决这一问题，不仅可以防止各种弹出网页，还可以降低木马、病毒等入侵计算机的概率。其具体方法为：在 Windows 7 操作系统界面中，打开"开始"菜单，在文本框中输入"gpedit.msc"，按【Enter】键；打开"本地组策略编辑器"窗口，依次展开"用户配置 / 管理模板 /Windows 组件 /Internet Explorer"，双击"Internet Explorer"选项；打开"禁用更改主页设置"对话框，单击选中"已启用"单选项，在"选项"栏的"主页"文本框中输入默认的主页，单击 确定 按钮后，设置生效。

CHAPTER 11

第11章
计算机故障基础

情景导入

　　公司新组装的计算机已经运行一段时间了，最近突然出现了很多问题，比如系统蓝屏、鼠标失灵、无法启动等。米拉的工作量大大增加，可是她也是第一次遇到这些问题，于是她决定好好学习一下有关计算机故障的相关知识……

学习目标

● 掌握计算机故障起因的相关知识。

　　如硬件质量差、兼容性问题、使用环境恶劣、使用和维护不当、病毒破坏等。

● 掌握确认和排除计算机故障的相关知识。

　　如通过系统报警确认故障，常见的确认计算机故障的方法，排除故障的基本原则、一般步骤、注意事项等。

案例展示

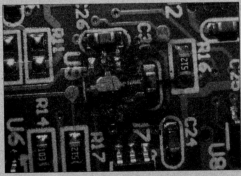

▲查找故障原因

▲诊断测试卡

11.1 计算机故障产生的原因

计算机硬件维护的专家告诉米拉，要排除故障，应先找到产生故障的原因。计算机故障是计算机在使用过程中，遇到的系统不能正常运行或运行不稳定，以及硬件损坏或出错等现象。计算机故障是由各种各样的因素引起的，主要包括计算机部件质量差、硬件之间的兼容性差、被病毒或恶意软件破坏、工作环境恶劣和在使用与维护时的错误操作等。要排除各种故障，应该先了解这些故障产生的原因。

11.1.1 硬件质量差

硬件质量差的主要原因是生产厂家为了节约成本，降低产品的价格以牟取更大的利润，而使用一些质量较差的电子元件（有的甚至使用假货或伪劣部件），这样就很容易引发硬件故障。硬件质量差主要表现如下。

● **电子元件质量较差**：有些硬件厂商为了追求更高的利润，使用一些质量较差的电子元件，或减少其数量，导致硬件达不到设计要求，影响产品的质量，甚至造成故障。图 11-1 所示为劣质主板，不但使用劣质电容，做工差，甚至没有散热风扇。

● **电路设计缺陷**：硬件的电路设计也应该遵循一定的工业标准，如果电路设计有缺陷，在使用过程中很容易导致故障。图 11-2 所示的圆圈部分的飞线显然是由于产品已经生产，无法重新对 PCB 电路进行处理，只有通过飞线来掩盖问题。

图 11-1　劣质主板　　　　　　　　　　图 11-2　电路缺陷设置

● **假冒产品**：不法商家为了牟取暴利，用质量很差的元件仿制品牌产品。图 11-3 所示为真假 U 盘的内部对比，假冒产品不但使用了质量很差的元件，而且偷工减料。如果用户购买到这种产品，轻则引起计算机故障，重则直接损坏硬件。

注意假冒产品

假冒产品有一个很显著的特点就是价格比正常产品便宜很多，因此用户在选购时一定不要贪图便宜，应该多进行对比。选购时应该注意产品的标码、防伪标记和制造工艺等。图 11-4 所示为具有防伪查询码的内存条。

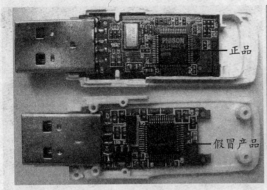

图 11-3 真假 U 盘对比

图 11-4 真品内存条防伪码

11.1.2 兼容性问题

兼容性指硬件与硬件、软件与软件以及硬件与软件之间能够相互支持并充分发挥性能的特性。无论是组装的兼容机，还是品牌机，其中的各种软件和硬件都不是由同一厂家生产的，这些厂家虽然都按照统一的标准进行生产，并尽量相互支持，但仍有不少厂家的产品存在兼容性问题。如果兼容性不好，虽然有时也能正常工作，但是其性能却不能很好地发挥出来，还容易引起故障。兼容性问题主要有以下两种表现。

- **硬件兼容性**：硬件都是由许多不同部件构成的，硬件之间出现兼容性问题，其结果往往是不可调和的。通常硬件兼容性问题在计算机组装完成后，第一次启动时就会出现（如系统蓝屏），解决的方法是更换硬件。

- **软件兼容性**：软件是由程序组成，解决其兼容性问题相对容易些，下载并安装软件补丁程序即可。软件的兼容性问题主要是由于操作系统因为自身的某些设置，拒绝运行某些软件中的某些程序而引起的。

11.1.3 使用环境影响

计算机中各部件的集成度很高，因此对环境的要求也较高，当所处的环境不符合硬件正常运行的标准时就容易引发故障。使用环境影响主要因素有如下 5 个。

- **灰尘**：灰尘附着在计算机元件上，可使其隔热，妨碍了元件在正常工作时产生的热量的散发。电路板上的芯片故障，很多都是由灰尘引起的。

- **温度**：如果计算机的工作环境温度过高，就会影响其散热，甚至引起短路等故障。特别是夏天温度太高时，一定要注意散热。另外，还要避免日光直射到计算机和显示屏上，图 11-5 所示为温度过高造成耦合电容烧毁，主板彻底报废。

- **电源**：交流电的正常范围为 220V ± 10%，频率范围为 50Hz ± 5%，并且应具有良好的接地系统。电压过低，不能供给足够的功率，数据可能被破坏；电压过高，设备的元器件又容易损坏。如果经常停电，应用 UPS 电源保护计算机，使计算机在电源中断的情况下能从容关机。图 11-6 所示为电压过高导致的芯片烧毁。

图 11-5　温度过高导致故障　　　　　　　　图 11-6　电压过高导致故障

- **电磁波**：计算机对电磁波的干扰较为敏感，较强的电磁波干扰可能会造成硬盘数据丢失、显示屏抖动等故障，图 11-7 所示为电磁波干扰下颜色失真的显示器。
- **湿度**：计算机正常工作对环境湿度有一定的要求，湿度太高会影响电脑配件的性能，甚至引起一些配件的短路；湿度太低又易产生静电，损坏配件，图 11-8 所示为湿度过低产生静电导致电容爆浆。

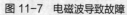 

图 11-7　电磁波导致故障　　　　　　　　图 11-8　湿度过低导致故障

11.1.4　使用和维护不当

有些硬件故障是由于用户操作不当或维护失败造成的，主要有以下 6 个方面。

- **安装不当**：安装显卡和声卡等硬件时，需要将其用螺丝固定到适当位置。如果安装不当，可能导致板卡变形，最后因为接触不良导致故障。
- **安装错误**：计算机硬件在主板中都有其固定的接口或插槽，安装错误则可能因为该接口或插槽的额定电压不同而造成短路等故障。
- **板卡被划伤**：计算机中的板卡一般都是分层印刷的电路板，如果被划伤，可能将其中的电路或线路切断，就会导致短路故障，甚至烧毁板卡。
- **安装时受力不均**：计算机在安装时，如果将板卡或接口插入主板中的插槽时用力不均，可能损坏插槽或板卡，导致接触不良，致使板卡不能正常工作。

- **带电拔插**：除了 SATA 和 USB 接口的设备外，计算机的其他硬件都不能在未断电时拔插，带电拔插很容易造成短路，将硬件烧毁。另外，即使按照安全用电的标准，也不应该带电拔插硬件，否则可能对人身造成伤害，图 11-9 所示为带电拔插导致 I/O 芯片损坏。

- **带静电触摸硬件**：静电有可能造成计算机中各种芯片的损坏，在维护硬件前应当将自己身上的静电释放掉。另外，在安装计算机时应该将机壳用导线接地，也可起到很好的防静电效果。图 11-10 所示为静电导致主板电源插槽被烧毁。

图 11-9　带电拔插导致故障　　　　　　　　图 11-10　静电导致的故障

11.1.5　病毒破坏

　　病毒是引起大多数软件故障的主要原因，它们利用软件或硬件的缺陷控制或破坏计算机，使系统运行缓慢、不断重启或使用户无法正常操作计算机，甚至可能造成硬件的损坏。现在病毒的危害主要有以下几个方面。

- **破坏内存**：病毒破坏内存的方式主要包括占用大量内存、禁止分配内存、修改内存容量和消耗内存 4 种。病毒在运行时将占用和消耗系统大量的内存资源，导致系统资源匮乏，不能正常地处理数据，进而导致死机。

- **破坏文件**：病毒破坏文件的方式主要包括重命名、删除、替换内容、颠倒或复制内容、丢失部分程序代码、写入时间空白、分割或假冒文件、丢失文件簇和丢失数据文件等。受到病毒破坏的文件，如果不及时杀毒，将不能再次被使用。

- **影响计算机的运行速度**：病毒在计算机中一旦被激活，就会不停地运行，占用计算机大量的系统资源，使计算机的运行速度明显减慢。

- **影响操作系统的正常运行**：计算机病毒还会破坏操作系统的正常运行，主要表现方式包括自动重启、无故死机、不执行命令、干扰内部命令的执行、打不开文件、虚假报警、占用特殊数据区、强制启动软件和扰乱各种输出/输入接口等。

- **破坏硬盘**：计算机病毒攻击硬盘的主要表现包括破坏硬盘中存储的数据、不能读/写磁盘、数据不能交换和不完全写盘等。

- **破坏操作系统数据区**：由于硬盘的数据区中保存了很多系统的重要数据，计算机病毒对其进行破坏通常会引起毁灭性的后果。病毒主要攻击的是硬盘主引导扇区、BOOT 扇区、FAT 表和文件目录等区域，当这些区域被破坏后，只能通过专业的数据恢复软件来还原数据。

11.2 确认计算机故障

米拉在学习一段时候后了解到，在发现计算机出现故障后，首先应确认计算机的故障类型，然后再根据故障类型进行处理。

11.2.1 通过系统报警声确定故障类型

存在故障的系统在启动时，主板上的 BIOS 芯片会发出报警声，提示用户系统非正常启动。常见的 BIOS 芯片有 Phoniex-Award BIOS 和 AMI BIOS 两种，其报警声和功能分别总结如表 11-1 和表 11-2 所示。

表 11-1 Phoniex-Award BIOS 报警声和功能

报警声	功能	报警声	功能
1 短	系统正常启动	3 短 1 短 2 短	第二个 DMA 控制器或寄存器出错
3 短	POST 自检失败	3 短 1 短 3 短	主中断处理寄存器错误
1 短 1 短 2 短	主板出错	3 短 1 短 4 短	副中断处理寄存器错误
1 短 1 短 3 短	主板没电或 CMOS 错误	3 短 2 短 4 短	键盘时钟错误
1 短 1 短 4 短	BIOS 检测错误	3 短 3 短 4 短	显示内存错误
1 短 2 短 1 短	系统时钟出错	3 短 4 短 2 短	显示测试错误
1 短 2 短 2 短	DMA 通道初始化失败	3 短 4 短 3 短	未发现显卡 BIOS
1 短 2 短 3 短	DMA 通道寄存器出错	4 短 2 短 1 短	系统实时时钟错误
1 短 3 短 1 短	内存通道刷新错误	4 短 2 短 2 短	BIOS 设置不当
1 短 3 短 2 短	内存损坏或 RAS 设置有误	4 短 2 短 3 短	键盘控制器开关错误
1 短 3 短 3 短	内存损坏	4 短 2 短 4 短	保护模式中断错误
1 短 4 短 1 短	基本内存地址错误	4 短 3 短 1 短	内存错误
1 短 4 短 2 短	内存 ECC 校验错误	4 短 3 短 3 短	系统第二时钟错误
1 短 4 短 3 短	EISA 总线时序器错误	4 短 3 短 4 短	实时时钟错误

表 11-2 AMI BIOS 报警声和功能

报警声	功能	报警声	功能
1 短	内存刷新失败	7 短	系统实模式错误

报警声	功能	报警声	功能
2 短	内存 ECC 校验错误	8 短	显示内存错误
3 短	640KB 常规内存检查失败	9 短	BIOS 检测错误
4 短	系统时钟出错	1 长 3 短	内存错误
5 短	CPU 错误	1 长 8 短	显示测试错误

11.2.2 常见确认计算机故障的方法

在计算机出现故障后,首先需要确认故障,其方法主要有以下几种。

1. 直接观察法

直接观察法是指通过用眼睛看、耳朵听、鼻子闻和手指摸等方法来判断产生故障的位置和原因。

- **看**:看就是观察,目的是找出故障产生的原因,其主要表现在 5 个方面,一是观察是否有杂物掉进电路板的元件之间,元件上是否有氧化或腐蚀的地方;二是观察各元件的电阻、电容引脚是否相碰、断裂或歪斜;三是观察板卡的电路板上是否有虚焊、元件短路、脱焊和断裂等现象;四是观察各板卡插头与插座的连接是否正常,是否歪斜;五是观察主板或其他板卡的表面是否有烧焦的痕迹,印刷电路板上的铜箔是否断裂,芯片表面是否开裂,电容是否爆开等。

- **摸**:用手触摸元件表面的温度来判断元件是否正常工作,板卡是否安装到位,以及是否出现接触不良等现象,其主要表现在 3 个方面:一是在设备运行时触摸或靠近有关电子部件,如 CPU、主板等的外壳(显示器、电源除外),根据温度粗略判断设备运行是否正常;二是摸板卡,看是否有松动或接触不良的情况,若有应将其固定;三是触摸芯片表面,若温度很高甚至烫手,说明该芯片可能已经损坏了。

- **听**:用耳朵听是指当计算机出现故障时,很可能会出现异常的声音。通过听电源和 CPU 的风扇、硬盘和显示器等设备工作时产生的声音也可以判断是否产生故障及产生故障的原因。另外,如果电路发生短路,也会发出异常的声音。

- **闻**:有时计算机出现故障,并且有烧焦的气味,这种情况说明某个电子元件已被烧毁,应尽快根据发出气味的地方确定故障区域并排除故障。

2. 软件分析法

软件分析法是指通过诊断测试卡、诊断测试软件及其他的一些诊断方法来分析和排除计算机故障,使用这种方法判断计算机故障具有快速而准确的优点。

- **诊断测试卡**:诊断测试卡也叫 POST 卡(Power On Self Test,加电自检),其工作原理是将主板中 BIOS 内部程序的检测结果,通过主板诊断卡代码显示出来,结合诊断卡的代码含义速查表就能快速了解计算机故障所在。尤其在计算机不能引导操作系统、黑屏、喇叭不响时,使用测试卡更能体现其优点,如图 11-11 所示。

● **诊断测试软件**：诊断测试软件很多，如常用的 Windows 优化大师、超级兔子和专业图形测试软件 3DMark 等。图 11-12 所示的 PCMark 是由 PC Magazine 的 PC Labs 公司出版的一款系统综合性测试软件。PCMagazine 是美国最大的 IT 杂志，每年都对笔记本电脑、台式机和一些计算机的周边设备进行测试，具有很好的口碑。

图 11-11　诊断测试卡

图 11-12　PCMark

其他可以判断故障的软件

　　各种安全防御软件，如病毒查杀软件和木马查杀软件也可以作为测试软件的一种。因为计算机安全受到威胁，同样也会出现各种故障，通过它们也能对计算机是否存在故障进行检查和判断。

3．清洁法

计算机在使用过程中，机箱内部容易积聚灰尘，影响主机部件的散热和正常运行，通过对机箱内部的灰尘进行清理也可确认并排除一些故障。另外，显卡和内存条的金手指很容易发生氧化并导致故障，使用清洁法可轻松排除氧化故障。

● **清洁灰尘**：灰尘可能引起计算机故障，所以保持计算机的清洁，特别是机箱内部各硬件的清洁是很重要的。清洁时可用软毛刷刷掉主板上的灰尘，也可使用吹气球清除机箱内各部件上的灰尘，或使用清洁剂清洁主板和芯片等精密部件上的灰尘。

● **去除氧化**：用专业的清洁剂先擦去表面氧化层，如果没有清洁剂，用橡皮擦也可以。重新插接好后开机检查故障是否排除，如果故障依旧存在，则证明是硬件本身出现了问题。这种方法对元件老化、接触不良和短路等故障相当有效。

4．拔插法

拔插法是一种比较常用的判断故障的方法，其主要是通过拔插板卡后观察计算机的运行状态来判断故障产生的位置和原因。如果拔出其他板卡，使用主板、CPU、内存和显卡的最小化系统仍然不能正常工作，那么故障很有可能是由主板、CPU、内存或显卡引起的。通过拔插法还能解决一些由板卡与插槽接触不良所造成的故障。

5．对比法

对比法是指同时运行两台配置相同或类似的计算机，比较正常计算机与故障计算机在执行相同操作时的不同表现或各自的设置来判断故障产生的原因。这种方法在企业或单位计算机出现故障时比较常用，因为企业或单位的计算机很可能配置相同，使用这种方法检测故障比较方便、快捷。

6．万用表测量法

在故障排除中，对电压和电阻进行测量也可以判断相应的部件是否存在故障。对电压和电阻的测量需要使用万用表，如果测量出某个元件的电压或电阻不正常，说明该元件可能存在故障。用万用表测量电压和电阻的最大优点是不需要将元件取下或仅需要部分取下就可以判断元件是否正常，所以应用十分普遍。图 11-13 所示为使用万用表测量计算机主板中的电子元件。

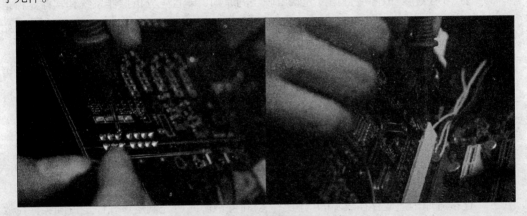

图 11-13　使用万用表测量电阻和电压

7．替换法

替换法是一种通过使用相同或相近型号的板卡、电源、硬盘和显示器，以及外部设备等部件替换原来的部件以分析和排除故障的方法。替换部件后如果故障消失，就表示被替换的部件存在问题。替换的方法主要有以下两种。

● 将计算机硬件替换到另一台运行正常的计算机上试用，正常则说明该硬件没有问题；如果不正常，说明该硬件可能存在故障。

● 用正常的同型号的计算机部件替换计算机中可能出现故障的部件，如果计算机使用正常，说明该部件有故障；如果故障依旧，则问题不在该部件上。

8．最小化系统法

最小化系统就是计算机由最少的部件组成的能正常运行的工作环境。最小化系统法是指在计算机启动时只安装最基本的部件，包括 CPU、主板、显卡和内存，连接上显示器和键盘，如果计算机能够正常启动表明核心部件没有问题，然后逐步安装其他设备（如网卡和声卡等），这样可快速找出产生故障的部件。如果使用最小化系统法不能启动计算机，则表示核心部件存在故障，可根据发出的报警声来分析和排除故障。

11.3　排除计算机故障基础

在确认了计算机的故障之后，就应该根据排除故障的基本步骤来排除故障。在排除故障之前，还需要了解排除故障的基本原则和一些注意事项。

11.3.1　排除故障的基本原则

排除计算机故障时，应遵循正确的处理原则，切忌盲目动手，以免造成故障的扩大化。故障处理的基本原则大致有以下几点。

- **仔细分析**：在动手处理故障之前，应先根据故障的现象分析该故障的类型，以及应选用哪种方法进行处理。切忌盲目动手，扩大故障。
- **先软后硬**：计算机故障包括硬件故障和软件故障，而排除软件故障比硬件故障更容易，所以排除故障应遵循"先软后硬"的原则，即首先分析操作系统和软件是否是故障产生的原因，可以通过检测软件或工具软件排除软件故障的可能，然后再开始检查硬件的故障。
- **先外后内**：先外后内指首先检查外部设备是否正常（如打印机、键盘、鼠标等是否存在故障），然后查看电源、信号线的连接是否正确，再排除其他故障，最后再拆卸机箱，检查内部的主机部件是否正常，尽可能不盲目拆卸部件。
- **多观察**：多观察即充分了解计算机所用的操作系统和应用软件的相关知识，以及产生故障部件的工作环境、工作要求和近期所发生的变化等情况。
- **先假后真**：有时候计算机并没有出现真正的故障，只是由于电源没开或数据线没有连接等原因造成存在故障的"假象"。排除故障时应先确定该硬件是否确实存在故障，检查各硬件之间的连线是否正确，安装是否正确，在排除假故障后才将其作为真故障处理。
- **归类演绎**：在处理故障时，应善于运用已掌握的知识或经验，将故障进行分类，然后寻找相应的方法进行处理。在故障处理之后还应认真记录故障现象和处理方法，以便日后查询并借此不断提高自身的故障处理水平。
- **先电源后部件**：主机电源是计算机正常运行的关键，遇到供电等故障时，应先检查电源连接是否松动、电压是否稳定、电源工作是否正常等，再检查主机电源功率能否使各硬件稳定运行，然后检查各硬件的供电及数据线连接是否正常。
- **先简单后复杂**：先对简单易修故障进行排除，再对困难的、较难解决的故障进行排除。有时将简单故障排除之后，较难解决的故障也会变得容易排除，逐渐使故障简单化。但是如果是电路虚焊和芯片故障，就需要专业维修人员进行维修，贸然维修可能导致硬件报废。

11.3.2　排除故障的一般步骤

在计算机出现故障时，首先需要判断问题出在哪个方面，如系统、内存、主板、显卡和电源等问题，如果无法确定，则需要按照一定的顺序来确认故障。图 11-14 所示为一台计算机从开机到使用的过程中判断故障所在部位的基本方法。

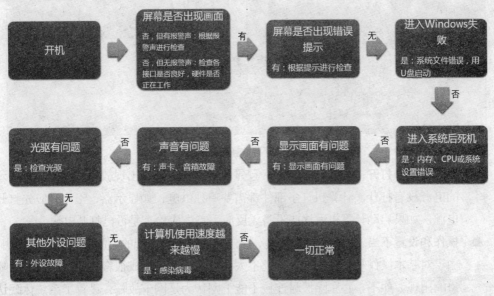

图 11-14　排除故障的一般步骤

11.3.3　排除故障的注意事项

排除计算机故障时，还有一些具体的操作需要注意，以保证故障能被顺利排除。

1．保证良好的工作环境

在进行故障排除时，一定要保证良好的工作环境，否则可能会因为环境因素的影响造成故障排除不成功，甚至加大故障。一般在排除故障时应注意以下两个方面。

- **洁净明亮的环境：**洁净的目的是避免将拆卸下来的电子元件弄脏，影响故障的判断；保持环境明亮的目的是便于对一些较小的电子元件的故障进行排除。
- **远离电磁环境：**计算机对电磁环境的要求较高，在排除故障时，要注意远离电磁场较强的大功率电器，如电视和冰箱等，以免这些电磁场对故障排除产生影响。

2．安全操作

安全操作主要是指排除故障时，用户自身的安全和计算机的安全。计算机所带的电压足以对人体造成伤害，要做到安全排除计算机故障，应该注意以下两个安全问题。

- **不带电操作：**在拆卸计算机进行检测和维修时，一定要先将主机电源拔掉，然后做好相应的安全保护措施。除 SATA 接口和 USB 接口的硬件外，不要进行热拔插，以保证设备和自身的安全。
- **小心静电：**为了保护自身和计算机部件的安全，在进行检测和维修之前应将手上的静电释放，最好戴上防静电手套，如图 11-15 所示。

3．小心"假"故障

在故障排除的基本原则中有一条是"先假后真"，主要指有时候计算机会出现一些由于操作不当造成的"假"故障。造成这种现象的因素主要有以下 4 个方面。

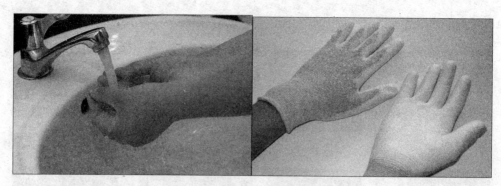

图 11-15　洗手释放静电和防静电手套

● **电源开关未打开**：有些初学者，一旦显示器不亮就认为出现故障，殊不知是显示器的电源没有打开。计算机许多部件都需要单独供电，如显示器，工作时应先打开其电源。如果启动计算机后这些设备无反应，首先应检查是否已打开电源。

● **操作和设置不当**：对于初学者来说，操作和设置不当引起的假故障表现得最为明显。由于对基本操作和设置的细节问题不太注意或完全不懂，很容易导致"假"故障现象的出现。如不小心删除拨号连接不能上网认为是网卡故障，设置了系统休眠认为是计算机黑屏等。

● **数据线接触不良**：各种外设与计算机之间，以及主机中各硬件与主板之间，都是通过数据线连接的，数据线接触不良或脱落都会导致某个设备工作不正常。如系统提示"未发现鼠标"或"找不到键盘"，那么首先应检查鼠标或键盘与计算机的接口是否有松动的情况。

● **对正常提示和报警信息不了解**：操作系统的智能化逐步提高，一旦某个硬件在使用过程中遇到异常情况，就会给出一些提示和报警信息，如果不了解这些正常的提示或报警信息，就会认为设备出了故障。如 U 盘虽然可以热插拔，但 Windows 7 中有热插拔的硬件提示，退出时应该先单击 按钮，在系统提示可以安全地移除硬件时，才能拔去 U 盘，否则直接拔出 U 盘，可能因电流冲击，损坏 U 盘。

11.4　项目实训：使用最小化系统法检测系统故障

11.4.1　实训目标

本实训的目标是使用最小化系统法检测计算机是否存在故障。通过本次实训，帮助大家进一步熟悉相关计算机故障检测的方法。

11.4.2　专业背景

计算机作为一种家用电器，其排除故障的工作已经发展成为一个行业，不止涉及计算机软硬件的维修，还包括计算机各种外设和线缆的故障排除。随着家用和商用计算机的普及，这个行业的潜力和发展前途更加的广阔，对于专业维修人员的需求更加的迫切。认真学好计算机维修技术，对于计算机专业人员有很大的帮助。

11.4.3 操作思路

完成本实训主要包括保留主板、显卡、内存和CPU进行故障检测和保留主板检测两大步操作，最后逐一检测硬件，其操作思路如图11-16所示。

①保留主板、显卡、内存和CPU检测　　　　　　②保留主板检测

图11-16　最小化系统法排除计算机故障的操作思路

【步骤提示】

（1）将硬盘、光驱等部件取下来，然后加电启动。如果计算机不能正常运行，说明故障出在系统本身，于是将目标集中在主板、显卡、CPU和内存上。如果能启动，则将目标集中在硬盘和操作系统上。

（2）将计算机拆卸为只有主板、喇叭及开关电源组成的系统。如果打开电源后系统有报警声，说明主板、喇叭及开关电源基本正常。

（3）然后逐步加入其他部件扩大最小系统，在扩大最小系统的过程中，若发现加入某部件后的计算机运行由正常变为不正常，说明刚刚加入的计算机部件有故障。找到了故障根源后，更换该部件即可。

11.5 课后练习

本章主要介绍了计算机故障排除的一些基本知识，包括计算机故障的产生原因，通过系统报警等方法确认故障类型，排除故障的基本原则、一般步骤和注意事项等知识。读者应认真学习和掌握本章的内容，为下面具体故障的排除打下良好的基础。

（1）按照本章所讲解的故障排除方法，对一台计算机进行一次全面的故障诊断。

（2）找到一台出现了故障的计算机，根据本章所学知识，判断其故障产生的原因。

11.6 技巧提升

1．处理计算机故障前收集的资料

在找到故障的根源后，就需要收集该硬件的相关资料，主要包括计算机的配置信息、主板型号、CPU型号、BIOS版本、显卡的型号和操作系统版本等，该操作有利于判断是否是由兼容性问题或版本问题引起的故障。另外，可以到网上收集排除该类故障的相关方法，借鉴别人的经验，以便找到更好更快的故障排除方案。

2．笔记本电脑的正确携带方式

不正确的携带和保存方式同样会使得笔记本电脑提早受到损伤，所以，正确的携带的保存也是笔记本电脑日常维护的重要内容。笔记本电脑的正确携带方式介绍如下。

● 携带电脑时使用专用电脑包。

● 不要与其他部件、衣服或杂物堆放一起，以避免电脑受到挤压或刮伤。

● 旅行时随身携带，请勿托运，以免电脑受到碰撞或跌落。

● 待计算机完全关机后再装入电脑包，防止计算机过热损坏。在未完全关机时，直接合上液晶屏，可能会造成系统关机不彻底。

● 在温差变化较大时（指在内外温差超过 10℃度时，如室外温度为 0℃，突然进入 25℃的房间内），请勿马上开机，温差较大容易引起电脑损坏甚至开不了机。

CHAPTER 12

第12章
排除计算机故障

情景导入

　　米拉学习了计算机故障的基础知识，她决定开始处理公司中累积下来的各种计算机问题。她先把这些问题进行了分类，分为软件故障和硬件故障，并依次对各种故障进行排除和解决……

学习目标

● 掌握计算机常见故障的相关知识。

　　　如死机故障、蓝屏故障、自动重启故障等。

● 掌握排除计算机故障的相关知识。

　　　如排除操作系统故障，排除CPU、主板、内存、硬盘、显卡、显示器、声卡、鼠标、键盘的故障等。

案例展示

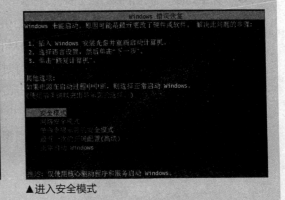

▲蓝屏故障　　　　　　　　　　　　　　　　▲进入安全模式

12.1 认识常见计算机故障

计算机专家告诉米拉，要学会排除故障，就需要认识一些常见的计算机故障。

计算机常见的故障包括死机、蓝屏和自动重启等，导致这些故障的原因很多，下面具体进行讲解。

12.1.1 死机故障

死机是指由于无法启动操作系统，画面"定格"、无反应，鼠标、键盘无法输入，软件运行非正常中断等情况。造成死机的原因一般有硬件与软件两方面。

1．硬件原因造成的死机

由硬件引起的死机主要有以下一些原因。

- **内存故障**：内存故障主要是内存条松动、虚焊或内存芯片本身质量所致。
- **内存容量不够**：内存容量越大越好，最好不小于硬盘容量的 0.5% ~ 1%。过小的内存容量会使计算机不能正常处理数据，导致死机。
- **软硬件不兼容**：三维设计软件和一些特殊软件在有的计算机中不能正常启动或安装，其中可能有软硬件兼容方面的问题，这种情况可能会导致死机。
- **硬件资源冲突**：由于声卡或显卡的设置冲突，引起异常错误而导致死机。此外，硬件的中断、DMA 或端口出现冲突，也会导致驱动程序产生异常，从而导致死机。
- **散热不良**：显示器、电源和 CPU 在工作中发热量非常大，因此保持良好的通风状态非常重要。工作时间太长容易使电源或显示器散热不畅从而造成计算机死机，另外，CPU 的散热不畅也容易导致计算机死机。
- **移动不当**：如果计算机在移动过程中受到很大震动，常常会使内部硬件松动，从而导致接触不良，引起计算机死机。
- **硬盘故障**：由于老化或使用不当造成硬盘产生坏道、坏扇区，计算机在运行时就容易死机。
- **设备不匹配**：如主板主频和 CPU 主频不匹配，就可能无法保证计算机运行的稳定性，因而导致频繁死机。
- **灰尘过多**：机箱内灰尘过多也会引起死机故障，如软驱磁头或光驱激光头沾染过多灰尘后，会导致读写错误，严重时会引起计算机死机。
- **劣质硬件**：少数不法商家在组装计算机时，使用质量低劣的硬件，甚至出售假冒和返修过的硬件，这样的计算机在运行时很不稳定，发生死机也很频繁。
- **CPU 超频**：超频提高了 CPU 的工作频率，同时，也可能使其性能变得不稳定。其原因是 CPU 在内存中存取数据的速度快于内存与硬盘交换数据的速度，超频使这种矛盾更加突出，加剧了在内存或虚拟内存中找不到所需数据的情况，这样就会出现"异常错误"，最后导致死机。

2. 软件原因造成的死机

由软件引起的死机主要有以下一些原因。

- **病毒感染**：病毒可以使计算机工作效率急剧下降，造成频繁死机的现象。
- **使用盗版软件**：很多盗版软件可能隐藏着病毒，一旦执行，会自动修改操作系统，使操作系统在运行中出现死机故障。
- **软件升级不当**：在升级软件的过程中，通常也会对共享的一些组件进行升级，但是其他程序可能不支持升级后的组件，从而导致死机。
- **非法操作**：用非法格式或参数非法打开或释放有关程序，也会导致计算机死机。
- **启动的程序过多**：这种情况会使系统资源消耗殆尽，个别程序需要的数据在内存或虚拟内存中找不到，导致出现异常错误。
- **非正常关闭计算机**：不要直接使用机箱上的电源按钮关机，否则会造成系统文件损坏或丢失，使计算机在自动启动或者运行中死机。
- **滥用测试版软件**：软件与软件之间很容易发生故障，最好安装最新版本软件。如果是与操作系统发生故障，则可安装软件所需的操作系统或从网上下载软件的补丁。
- **误删系统文件**：如果系统文件遭破坏或被误删除，即使在 BIOS 中各种硬件设置正确无误，也会造成死机或无法启动。
- **应用软件缺陷**：这种情况非常常见，如在 Windows 8 操作系统中运行在 Windows XP 中运行良好的 32 位系统的应用软件。Windows 8 是 64 位的操作系统，尽管兼容 32 位系统的软件，但有许多地方无法与 32 位系统的应用程序协调，所以导致死机。还有一些情况，如在 Windows XP 中正常使用的外设驱动程序，当操作系统升级到 64 位的 Windows 系统后，可能会出现问题，使系统死机或不能正常启动。
- **非法卸载软件**：卸载软件时不能直接删除软件安装所在的目录，因为这样不能删除注册表和 Windows 目录中的相关文件，系统也会因不稳定而引起死机。
- **BIOS 设置不当**：该故障现象很普遍，如硬盘参数设置、模式设置、内存参数设置不当从而导致计算机无法启动，如将无 ECC 功能的内存设置为具有 ECC 功能，这样就会因内存错误而造成死机。
- **内存冲突**：有时计算机会突然死机，重新启动后运行这些应用程序又十分正常，这是一种假死机现象，原因大多是内存资源冲突。应用软件通常是在内存中运行，而关闭应用软件后即可释放内存空间。但是有些应用软件由于设计的原因，即使在软件关闭后也无法彻底释放内存，当下一软件需要使用这一块内存地址时，就会出现冲突。

3. 预防死机故障的方法

对于系统死机的故障，可以通过以下一些方法进行处理。

- 在同一个硬盘中不要安装太多操作系统。
- 在更换计算机硬件时一定要插好，防止接触不良引起的系统死机。
- 在运行大型应用软件时，不要在运行状态下退出之前运行的程序，否则会引起系统死机。

- 在应用软件未正常退出时，不要关闭电源，否则会造成系统文件损坏或丢失，引起自动启动或者运行中死机。

- 设置硬件设备时，最好检查有无保留中断号，不要让其他设备使用该中断号，否则会引起中断冲突，从而造成系统死机。

- CPU 和显卡等硬件不要超频过高，要注意散热和温度。

- 最好配备稳压电源，以免电压不稳引起死机。

- BIOS 设置要恰当，虽然建议将 BIOS 设置为最优，但所谓最优并不是最好的，有时最优的设置反倒会引起启动或者运行死机。

- 对来历不明的移动存储设备不要轻易使用。对电子邮件中所带的附件，要用杀毒软件检查后再使用，以免感染病毒导致死机。

- 在安装应用软件的过程中，若出现对话框询问 "是否覆盖文件"，最好选择不要覆盖。因为当前系统文件通常是最好的，不能根据时间的先后来决定覆盖文件。

- 在卸载软件时，不要删除共享文件，因为某些共享文件可能被系统或者其他程序使用，一旦删除这些文件，就会使其他应用软件无法启动而死机。

- 在加载某些软件时，要注意先后次序，由于有些软件编程不规范，因此要避免优先运行，建议放在最后运行，这样才不会引起系统管理的混乱。

12.1.2 蓝屏故障

计算机蓝屏又叫蓝屏死机（Blue Screen Of Death，BSOD），指的是 Windows 操作系统无法从一个系统错误中恢复过来时所显示的屏幕图像，是一种比较特殊的死机故障。

1．蓝屏的处理方法

蓝屏故障产生的原因往往集中在不兼容的硬件和驱动程序、有问题的软件和病毒等。这里提供了一些常规的解决方案，在遇到蓝屏故障时，应先对照这些方案进行排除。下列内容对安装 Windows Vista、Windows 7、Windows 8 和 Windows 10 的用户都有帮助。

- **重新启动计算机**：蓝屏故障有时只是某个程序或驱动偶然出错引起的，重新启动计算机后即可自动恢复。

- **检测系统日志**：运行"EventVwr.msc"启动事件查看器,检查其中的"系统日志"和"应用程序日志"中表明"错误"的选项。

- **检查病毒**：如 "冲击波" 和 "振荡波" 等病毒有时会导致 Windows 蓝屏死机，因此查杀病毒必不可少。另外，一些木马也会引发蓝屏，最好用相关工具软件扫描。

- **检查硬件和驱动**：检查新硬件是否插牢，这是容易被人忽视的问题。如果确认没有问题，将其拔下，然后换个插槽，并安装最新的驱动程序，同时应对照 Microsoft 官方网站的硬件兼容类别检查硬件是否与操作系统兼容。如果该硬件不在兼容表中，那么应到硬件厂商网站进行查询，或者拨打电话咨询。

- **新硬件和新驱动**：如果刚安装完某个硬件的新驱动，或安装了某个软件，而它又在系统服务中添加了相应项目（如杀毒软件、CPU 降温软件和防火墙软件等），在重启或使用中出现了蓝屏故障，可到安全模式中卸载或禁用驱动或服务。

● 运行"sfc/scannow"：运行"sfc/scannow"检查系统文件是否被替换，然后用系统安装盘来恢复。

● 安装最新的系统补丁和 Service Pack：有些蓝屏是 Windows 系统本身存在缺陷造成的，可通过安装最新的系统补丁和 Service Pack 来解决。

● 查询停机码：把蓝屏中的内容记录下来，进入 Microsoft 帮助与支持网站输入停机码，找到有用的解决案例。另外，也可在百度或 Google 等搜索引擎中使用蓝屏的停机码搜索解决方案。

● 最后一次正确配置：一般情况下，蓝屏都是出现在硬件驱动或新加硬件并安装驱动后，这时 Windows 提供的"最后一次正确配置"功能就是解决蓝屏故障的快捷方式。重新启动操作系统，在出现启动菜单时按下【F8】键就会出现高级启动选项菜单，选择"最后一次正确配置"选项进入系统即可。

● 检查 BIOS 和硬件兼容性：如果新组装的计算机经常出现蓝屏问题，应该检查并升级 BIOS 到最新版本，同时关闭其中的内存相关项，如缓存和映射。另外，还应该对照 Microsoft 的硬件兼容列表检查硬件。如果主板 BIOS 无法支持大容量硬盘，也可能导致蓝屏现象，对其进行升级即可解决。

2．预防蓝屏故障的方法

对于系统蓝屏的故障，可以通过以下一些方法进行预防。

● 定期升级操作系统、软件和驱动。

● 定期对重要的注册表文件进行备份，避免系统出错后，未能及时替换成备份文件而产生不可挽回的损失。

● 定期用杀毒软件进行全盘扫描，清除病毒。

● 尽量避免非正常关机，减少重要文件的丢失，如 .dll 文件等。

● 对普通用户而言，系统能正常运行，可不必升级显卡、主板的 BIOS 和驱动程序，避免升级造成的故障。

● 如果不是内存特别大，管理程序非常优秀，应尽量避免大程序的同时运行。

● 定期检查优化系统文件，运行"系统文件检查器"进行文件丢失检查及版本校对。

● 减少无用软件的安装，尽量不手动卸载或删除程序，减少非法替换文件和指向错误故障的出现。

12.1.3　自动重启故障

自动重启是指在没有进行任何启动计算机的操作下，计算机自动重新启动，其诊断和处理方法如下。

1．由软件原因引起的自动重启

软件原因引起的自动重启比较少见，通常有以下两种。

● 病毒控制："冲击波"病毒运行时会提示系统将在 60 秒后自动启动，这是因为木马程序从远程控制了计算机的一切活动，并设置计算机重新启动。排除方法为清除病毒、木马，或重装系统。

- **系统文件损坏**：操作系统的系统文件被破坏，如 Windows 下的 KERNEL32.dll，系统在启动时无法完成初始化而强制重新启动。排除方法为覆盖安装或重装操作系统。

2．由硬件原因引起的自动重启

硬件原因是引起计算机自动重启的主要因素，通常有以下几种。

- **电源因素**：组装计算机时选购价格便宜的电源，是引起系统自动重启的最大嫌疑之一。这种电源可能由于输出功率不足、直流输出不纯、动态反应迟钝和输出超额等原因，导致计算机经常性的死机或重启。排除方法为更换大功率电源。

- **内存因素**：内存因素通常有两种情况：一种是热稳定性不强，开机后温度一旦升高就死机或重启；另一种是芯片轻微损坏，当运行一些 I/O 流量大的软件（如媒体播放、游戏、平面 /3D 绘图）时就会重启或死机。排除方法为更换内存。

- **CPU 因素**：CPU 因素通常有两种情况：一种是由于机箱或 CPU 散热不良；另一种是 CPU 内部的一二级缓存损坏。排除方法为在 BIOS 中屏蔽二级缓存（L2）或一级缓存（L1），或更换 CPU。

- **外接卡因素**：外接卡因素通常有两种情况：一种是做工不标准或品质不良；另一种是接触不良。排除方法为重新拔插板卡，或更换产品。

- **外设因素**：外设因素通常有两种情况：一种是外部设备本身有故障或者与计算机不兼容；另一种是热拔插外部设备时，抖动过大，引起信号或电源瞬间短路。排除方法为更换设备，或找专业人员维修。

- **光驱因素**：光驱因素通常有两种情况：一种是内部电路或芯片损坏导致主机在工作过程中突然重启；另一种是光驱本身的设计不良，会在读取光盘时引起重启。排除方法为更换设备，或找专业人员维修。

- **RESET 开关因素**：RESET 开关因素通常有 3 种情况：第一种是内 RESET 键损坏，开关始终处于闭合位置，系统无法加电自检；第二种是当 RESET 开关弹性减弱，按钮按下去不易弹起时，就会出现开关稍有振动就闭合现象，导致系统复位重启；第三种是机箱内的 RESET 开关引线短路，导致主机自动重启。排除方法为更换开关。

3．由其他原因引起的自动重启

还有一些非计算机自身原因也会引起自动重启，通常有以下几种情况。

- **市电电压不稳**：市电电压不稳通常有两种情况：一种是由于计算机的内部开关电源工作电压范围一般为 170~240V，当市电电压低于 170V 时，就会自动重启或关机，排除方法为添加稳压器（不是 UPS）或 130~260V 的宽幅开关电源；另一种是计算机和空调、冰箱等大功耗电器共用一个插线板，在这些电器启动时，供给计算机的电压就会受到很大的影响，往往就表现为系统重启，排除方法为把供电线路分开。

● **强磁干扰**：强磁干扰既有来自机箱内部 CPU 风扇、机箱风扇、显卡风扇、显卡、主板和硬盘的干扰，也有来自外部的动力线、变频空调甚至汽车等大型设备的干扰。如果主机的抗干扰性能差或屏蔽不良，就会出现主机意外重启或频繁死机的现象。排除方法为远离干扰源，或者更换防磁机箱。

12.2 排除计算机故障实例

米拉得知，要真正了解计算机故障，最好的方法是在实际操作中学习。下面就以排除计算机故障的具体操作为例，讲解排除故障的相关知识。

12.2.1 排除操作系统故障

操作系统出现故障的概率比较大，下面介绍最常见的几种。

1．关闭计算机时自动重新启动

在 Windows 7 操作系统中关闭计算机时，计算机出现重新启动的现象。产生此类故障一般是由于用户在不经意或利用一些设置系统的软件时，使用了 Windows 系统的快速关机功能，从而引发该故障。排除该故障的具体操作如下。

(1) 在 Windows 7 操作系统界面中，单击"开始"按钮，打开"开始"菜单。在文本框中输入"gpedit.msc"，按【Enter】键，打开"本地组策略编辑器"窗口。依次展开"计算机配置 / 管理模板 / 系统 / 关机选项"，双击"关闭会阻止或取消关机的应用程序的自动终止功能"选项，如图 12-1 所示。

微课视频

关闭计算机时自动重新启动

(2) 打开"关闭会阻止或取消关机的应用程序的自动终止功能"对话框，单击选中"已启用"单选项，单击 确定 按钮，如图 12-2 所示。

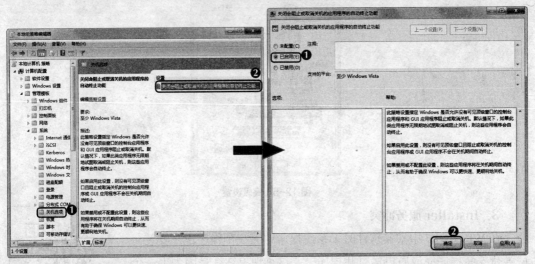

图 12-1 选择组策略　　　　　　　　图 12-2 设置选项

2. 系统无法自动播放移动设备

当用户插入一个全新的 USB 移动设备时，系统提示设备可以正常使用后，没有出现"自动播放"窗口。这种故障通常是由于 Windows 7 对未使用的 USB 设备默认操作识别，而不自动运行。排除该故障的具体操作如下。

（1）在"开始"按钮上单击鼠标右键，在弹出的快捷菜单中选择"打开 Windows 资源管理器"命令，如图 12-3 所示。

（2）打开资源管理器的"库"窗口，单击菜单栏下面的 组织 按钮，在打开的下拉列表中选择"文件夹和搜索选项"命令，如图 12-4 所示。

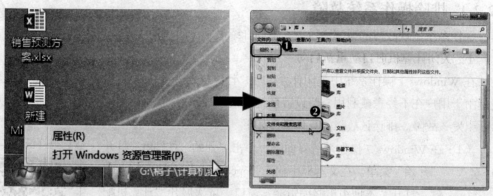

图 12-3　选择操作　　　　　　　　　　图 12-4　打开"库"窗口

（3）打开"文件夹选项"对话框，单击"查看"选项卡。在"高级设置"列表框中单击撤销选中"隐藏计算机文件中的空驱动器"复选框。单击 确定 按钮，如图 12-5 所示。

图 12-5　高级设置

3. Installer 服务冲突

在 Windows 7 中安装软件时，系统提示"另一个程序正在安装，请等待安装程序完成后再运行此程序"。这种现象往往是因为上一个程序没有正确安装，导致安装服务没有正常退出造成的，此时需要禁用安装服务，重新安装应用程序。排除该故障的具体操作如下。

（1）在 Windows 7 操作系统界面中单击"开始"按钮，打开"开始"菜单。在文本框中输入"services.msc"，按【Enter】键。打开"服务"窗口，在"服务"列表框中双击"Windows Installer"选项，如图 12-6 所示。

（2）打开"Windows Installer 的属性"对话框，在"常规"选项卡的"启动类型"下拉列表中选择"禁用"选项。单击　确定　按钮，如图 12-7 所示。

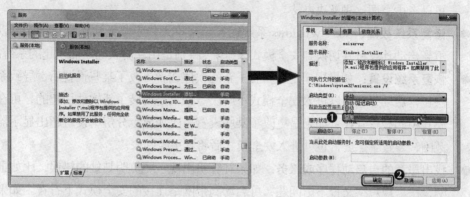

图 12-6　选择系统服务　　　　　　　图 12-7　设置启动类型

4. 进入安全模式排除系统故障

Windows 7 的很多系统故障可以通过安全模式来排除，进入安全模式的方式有两种：一种是在进入 Windows 系统启动画面之前按【F8】键；另一种是启动计算机时按住【Ctrl】键，就会出现系统多操作启动菜单，通过方向键选择"安全模式"选项，按【Enter】键即可，如图 12-8 所示。进入安全模式能够排除的系统故障如下。

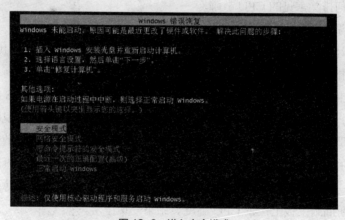

图 12-8　进入安全模式

● **删除顽固文件**：在 Windows 正常模式下删除一些文件或者清除回收站时，系统可能会提示"文件正在被使用，无法删除"，此时即可在安全模式下将其删除。因为在安全模式下，Windows 会自动释放这些文件的控制权。

● **病毒查杀**：在 Windows 系统中进行杀毒时，有很多病毒清除不了，而在 DOS 系统下杀毒软件则无法运行。这个时候可以启动安全模式，Windows 系统只会加载必要的驱动程序，即可把病毒彻底清除。

- **解除组策略的锁定**：Windows 系统中组策略限制是通过加载注册表特定键值来实现的，而在安全模式下并不会加载这个限制。在打开的多重启动菜单窗口中，选择"带命令提示符的安全模式"选项。进入该安全模式后，在命令提示符后输入"C：WindowsSystem32XXX.exe（启动的程序）"，启动控制台，再按照如上操作即可解除限制。组策略的很多限制在安全模式下都无法生效，如果碰到无法解除的限制，可以考虑上面这种解决办法。

- **修复系统故障**：如果 Windows 系统运行起来不太稳定或无法正常启动，可以试着重新启动计算机并切换到安全模式来排除，特别是由注册表问题而引起的系统故障。

- **恢复系统设置**：如果用户是在安装了新的软件或者更改了某些设置后，导致系统无法正常启动，也可以进入安全模式下解决。如果是安装了新软件引起的，可在安全模式中卸载该软件；如果是更改了某些设置，比如显示分辨率设置超出显示器显示范围，导致了黑屏，也可进入安全模式后将其更改回来。

- **找出恶意的自启动程序或服务**：如果计算机出现一些莫明其妙的错误，比如上不了网，按常规思路又查不出问题，可启动到带网络连接的安全模式下看看。如果在该模式中网络连接正常，则说明是某些自启动程序或服务影响了网络的正常连接。

- **卸载不正确的驱动程序**：显卡和硬盘的驱动程序一旦出错，一进入 Windows 界面就可能死机；一些主板的补丁程序也是如此。这种情况下，可以进入安全模式来删除不正确的驱动程序。

12.2.2 排除 CPU 故障

下面介绍如何排除常见的 CPU 故障。

1．温度太高导致系统报警

故障表现：计算机新升级了主板，在开始格式化硬盘时，系统喇叭发出刺耳的报警声。

故障分析与排除：打开机箱，用手触摸 CPU 的散热片，发现温度不高，主板的主芯片也只是微温。仔细检查一遍，没有发现问题。再次启动计算机后，在 BIOS 的硬件检测里查看 CPU 的温度为 95℃，但是用手触摸 CPU 的散热片，却没有一点温度，说明 CPU 有问题。通常主板测量的是 CPU 的内核温度，而有些没有使用原装风扇的 CPU 的散热片和内核接触不好，造成内核的温度很高，而散热片却是正常的温度。拆下 CPU 的散热片，发现散热片和芯片之间贴着一片像塑料的东西，清除沾在芯片上的塑料，然后涂一层薄薄的硅胶，再安装好散热片，重新插到主板上检查 CPU 温度，结果一切正常。

2．温度过高导致系统变慢

故障表现：计算机使用半小时左右后，系统的运行速度突然变慢。

故障分析与排除：启动计算机时使用正常，故障是在计算机使用一段时间后才出现，可以判断出该故障为因为 CPU 温度过高而引起的系统变慢。进入 BIOS 设置，在"Chipset Features Setup"选项中查看"CPU Warning Temperature"选项的当前设置值为"50℃/122"，接着查看"Current CPU Temperature"选项，其当前值为"53℃/127"。因为当前 CPU 温度超过了

CPU 所设置的警戒温度 3℃，为了保证正常工作，系统自动降低 CPU 速度，从而导致速度变慢。排除故障的方法是提高 CPU 警示温度，在 BIOS 中把"CPU Warning Temperature"一项设置为"60℃ /140"，保存设置后重新启动，故障排除。

3．CPU 使用率高达 100%

故障表现：在使用 Windows XP 操作系统时，系统运行变慢，查看"任务管理器"，发现 CPU 占用率达到 100%。

故障分析与排除：经常出现 CPU 占用率达 100% 的情况，主要可能是由以下原因引起。

● **防杀毒软件造成故障：**很多杀毒软件都加入了对网页、插件和邮件的随机监控功能，这无疑增大了操作系统的负担，造成 CPU 占用率达到 100% 的情况。只能尽量使用最少的实时监控服务，或升级硬件配置，如增加内存或使用更好的 CPU。

● **驱动没有经过认证造成故障：**现在网络中有大量测试版的驱动程序，安装后会引起难以发现的故障，尤其是显卡驱动特别要注意。排除这种故障，建议使用 Microsoft 认证的或由官方发布的驱动程序，并且严格核对型号和版本。

● **病毒或木马破坏造成故障：**如果大量的蠕虫病毒在系统内部迅速复制，则很容易造成 CPU 占用率居高不下的情况。解决办法是用可靠的杀毒软件彻底清理系统内存和本地硬盘，并且打开系统设置软件，查看有无异常启动的程序。

● **"svchost"进程造成故障：**"svchost.exe"是 Windows 操作系统的一个核心进程，一般在 Windows XP 中 svchost.exe 进程的数目为 4 个或 4 个以上；Windows 7 中则更多，最多可达 17 个。如果该进程过多，很容易造成 CPU 占用率的提高。

12.2.3 排除主板故障

下面介绍如何排除常见的主板故障。

1．主板变形导致无法工作

故障表现：在对一块主板进行维护清洗后，发现主板电源指示灯不亮，计算机无法启动。

故障分析与排除：由于进行了主板清洗，所以怀疑是水没有清除干净。导致电源损坏，更换电源后，故障仍然存在。于是怀疑电源对主板供电不足，导致主板不能正常通电工作，换一个新的电源后，故障仍然没有排除。最后怀疑安装主板时螺丝拧得过紧引起主板变形，将主板拆下，仔细观察后发现主板已经发生了轻微变形，主板两端向上翘起，而中间相对下陷，这很可能就是引起故障的原因。将变形的主板矫正后，再将其装入机箱，通电后故障排除。

2．电容故障导致无法开机

故障表现：有一块主板，使用两年多后突然指示灯不亮，表现为打开电源开关后，电源风扇和 CPU 风扇都在工作，但是光驱、硬盘没有反应，等几分钟后电脑才能加电启动，启动后一切正常。重新启动也没有问题，但是一关闭电源，重新启动后，又会重复以上情况。

故障分析与排除：开始以为是电源问题，替换后故障依旧。更换主板后一切正常，说明是主板有问题。从故障现象分析，主板在加电后可以正常工作，说明主板芯片是好的，问题可能出在主板的电源部分。但是电源风扇和 CPU 风扇运转正常，说明总的供电正常。加电运行几分钟后断电，经闻无异味，手摸电源部分的电子元件（主要是电容、电感、电源稳压IC），发现 CPU 旁的几个电容、电感温度极高。因为电解电容长期在高温下工作会造成电解质变质，从而使容量发生变化，所以判断是这两个电容有问题。排除故障的方法是仔细地将损坏的电容焊下，将新买回来的电容重新焊上去。焊好电容后，不要安装 CPU，应该先加电测试，几分钟后温度正常。于是装上 CPU 后加电，屏幕立刻就亮了。多试几次，并注意电容的温度，连续开机几小时都没有出现问题即表示故障排除。

3．CMOS 电压不足导致 BIOS 设置无法保存

故障表现：一台某品牌计算机在添加了专业设备后，需要进入 BIOS 中对一些设置进行改动。在修改了参数后，保存退出。重新启动计算机，发现新增加的设备无法使用。随即又进入 BIOS，发现刚才改动的设置又恢复为初始值。再次对这些参数进行了设置，确认并保存操作后才退出 BIOS，但 BIOS 设置还是无法保存。

故障分析与排除：怀疑是主板故障，但仔细地检查所有部件后也没发现问题。最后用万用表测量主板上的电池，发现电池电压不足。在更换电池后，重新启动计算机，进入 BIOS进行一些改动后保存退出。进入 Windows 检查，新增的设备能够正常运行。

12.2.4　排除内存故障

下面介绍如何排除常见的内存故障。

1．金手指氧化导致文件丢失

故障表现：一台计算机安装的是 Windows 7 操作系统，一次在启动计算机的过程中提示"pci.sys"文件损坏或丢失。

故障分析与排除：首先怀疑是操作系统损坏，准备利用 Windows 7 的系统故障恢复控制台来修复，可是用 Windows 7 的安装光盘启动进入系统故障恢复控制台后系统死机。由于曾用 Ghost 给系统做过镜像，所以用 U 盘启动进入 DOS，运行 Ghost 将以前保存在 D 盘上的镜像恢复。重启后系统还是提示文件丢失。最后只能格式化硬盘重新安装操作系统，但是在安装过程中，频繁地出现文件不能正常复制的提示，安装不能继续。最后进入 BIOS，将其设置为默认值（此时内存测试方式为完全测试，即内存每兆容量都要进行测试）后重启准备再次安装，但是在进行内存测试时发出报警声，内存测试没有通过。将内存取下后发现内存条上的金手指已有氧化痕迹，用橡皮擦将其擦除干净，重新插入主板的内存插槽中，启动计算机自检通过，再恢复原来的 Ghost 镜像文件，重新启动，故障排除。

2．兼容性导致系统蓝屏

故障表现：某台计算机采用了 1GB 三星 DDR3 1333 内存，一直很稳定，不管用什么操作系统都没什么异常。前一段时间增加了一条杂牌 1GB DDR3 1333 内存条，开始时很正常，使用超过半小时就蓝屏并重启。

故障分析与排除：开始认为是病毒造成，使用 360 杀毒或金山毒霸查杀病毒，但没有发

现病毒。于是认为是系统问题，将 Windows 7 系统格式化后，重新安装了操作系统，装好驱动程序后上网，一切正常，但过了一会鼠标不动，认为是死机，但一会儿又恢复了，只是反应太慢。退出网络，进行普通操作，仍然很慢。怀疑是内存品牌问题，于是重新更换了一条同品牌的内存，故障排除。

3. 散热不良导致死机

故障表现：为了更好地散热，将 CPU 风扇更换为超大号，结果使用一段时间后就死机，格式化并重新安装操作系统后故障仍然存在。

故障分析与排除：由于重新安装过操作系统，确定不是软件方面的原因。打开机箱后发现，由于 CPU 风扇离内存太近，其散出的热风直接吹向内存条，造成内存工作环境温度太高，导致内存工作不稳定，以致死机。将内存重新插在离 CPU 风扇较远的插槽上，重启后死机现象消失。

12.2.5 排除常见硬盘故障

下面介绍如何排除常见的硬盘故障。

1. 硬盘受潮不能使用

故障表现：计算机正常自检完成后，读硬盘时声音大而沉闷，并显示"1701 Error.Press F1 key to continue"，按【F1】键后出现"Boot disk failure type key to retry"提示，当按任意键重试时死锁。用光盘启动时，也显示"1701 Error.Press F1 key to continue"，按【F1】键后光盘启动成功，却无法进入硬盘，并显示"Invalid drive specification"。

故障分析与排除：系统提示"1701"错误代码，表示在通电自检过程中已经检测到硬盘存在故障，用高级诊断盘测试硬盘，但系统不承认已装入硬盘。根据上述情况，初步判断故障是由硬件引起，拆开机箱，将连接硬盘驱动器的信号电缆线插头和控制卡等插紧，重新启动计算机重试，故障仍然存在。考虑到长时间未启动计算机，硬盘及硬盘适配器等部件受潮损坏的可能性比较大。于是关掉电源开关，用电吹风对各部件进行加热，加热后重新启动计算机，故障现象消失。

2. Command.com 文件损坏造成计算机无法启动

故障表现：计算机自检后引导操作系统时失败，系统提示"Bad or missing command interpreter"信息。

故障分析与排除：此故障应该是 DOS 系统的"Command.com"文件丢失或出错引起的。如果该文件损坏，则不能解释相应的命令，会造成系统启动失败。只须用 Windows 系统启动盘启动电脑后，在 DOS 环境下运行"sys c:"命令恢复该文件即可解决故障。

3. 进行磁盘碎片整理时出错

故障表现：在对硬盘进行磁盘碎片整理时系统提示出错。

故障分析与排除：磁盘碎片整理实际上是把存储在硬盘中的文件通过移动、调整位置等操作，使操作系统在查找文件时更快速，提升系统性能。如果硬盘有坏簇或坏扇区，在进行磁盘碎片整理时就会提示出错，解决方法就是先对硬盘进行一次完整的磁盘扫描，以修复硬盘的逻辑错误或标明硬盘的坏道。

12.2.6 排除显卡故障

下面介绍如何排除常见的显卡故障。

1．显示花屏

故障表现：计算机日常使用中，由于显卡造成的死机花屏故障主要表现为显示花屏，任意按键无反应。

故障分析与排除：产生花屏的原因包括以下 3 种，一是显示器或者显卡不能够支持高分辨率，显示器分辨率设置不当，解决办法为花屏时可切换启动模式到安全模式，重新设置显示器的显示模式；二是显卡的主控芯片散热效果不良，解决办法为调节改善显卡风扇的散热效能；三是显存损坏，解决办法为更换显存，或者直接更换显卡。

2．死机

故障表现：计算机在启动或运行过程中突然死机。

故障分析与排除：导致计算机突然死机的原因有很多，就显卡而言，常见的是和主板不兼容、接触不良，或者和其他扩展卡不兼容，甚至是驱动问题等。如果是在玩游戏、处理 3D 时出现死机的故障，在排除散热问题后，可以先尝试更换一个版本的显卡驱动（通过 WHQL 认证的驱动）。如果一开机就死机，则需要先检查显卡的散热问题，用手摸一下显存芯片的温度，检查显卡的风扇是否停转。再看看主板上的显卡插槽中是否有灰尘，金手指是否被氧化，然后根据具体情况清理下灰尘，用橡皮擦擦拭金手指，把氧化部分擦亮。确定散热有问题，就需要更换散热器或在显存上加装散热片。如果是长时间停顿或死机，一般是电源或主板插槽供电不足引起的，建议更换电源排除故障。

3．开机无显示

故障表现：计算机开机后无任何显示，显示器提示"未检测到信号"，并发出一长两短的蜂鸣声。

故障分析与排除：此类故障一般是因为显卡与主板接触不良或主板插槽有问题造成的。对于使用集成显卡的主板，如果显存共用主内存，则需要注意内存条的位置，一般在第一个内存条插槽上应插有内存条。解决办法是打开机箱，把显卡重新插好。另外，应检查显卡插槽内是否有异物，如有则会使显卡不能插接到位。如果以上办法处理后还报警，就可能是显卡的芯片坏了，需更换或修理显卡。如果开机后听到嘀的一声自检通过，显示器正常但没有图像，把该显卡插在其他主板上，如使用正常，那就是显卡与主板不兼容，应该更换显卡。

12.2.7 排除声卡故障

故障分析：声卡最常见的故障就是安装不成功，如一块标明支持即插即用的 USB 声卡在安装时很难安装成功。

故障分析与排除：主要可通过以下 4 种方式排除故障。

● **使用最新的驱动程序**：一般来说，新版本的驱动程序都会修正旧版本的一些 Bug，同时解决一些兼容性问题。但在某些情况下，新驱动的兼容性可能不如旧的驱动程序好，所以驱动程序的选择要看实际情况。一般来说，使用较老的声卡时最好使用原装的驱动程序，使用新声卡时最好升级为最新的驱动程序。

- **检查声卡跳线**：某些声卡上提供了一组跳线，需要设置跳线后才能打开声卡的即插即用功能，否则 Windows 操作系统有可能不能识别声卡。
- **修改系统文件**：有时 Windows 系统检测到即插即用设备，却安装了一个错误的或相近的驱动程序，这样不能使声卡正常工作。卸载声卡后再重新安装还会重复出现这个问题，并且不能使用"添加新硬件"的方法来解决。解决此问题的最好方法就是删除 Windows 系统的 inf 目录下有关该声卡的 inf 文件，也可修改注册表来解决。
- **直接安装声卡**：对于不支持即插即用功能的声卡，可设置不让操作系统自动搜索新硬件，直接用声卡的驱动程序盘或直接选择声卡类型进行安装。

12.2.8 排除鼠标故障

故障分析：鼠标的常见故障一般为在使用过程中出现光标"僵死"的情况。

故障分析与排除：鼠标故障可能是因为死机、与主板接口接触不良、鼠标开关设置错误、在 Windows 系统中选择了错误的驱动程序、鼠标的硬件故障、驱动程序不兼容或与另一串行设备发生中断冲突等引起。在出现鼠标光标"僵死"现象时，一般可按以下步骤检查和处理。

（1）检查计算机是否死机，死机则重新启动。如果没有死机，就拔插鼠标与主机的接口，然后重新启动。

（2）检查"设备管理器"中鼠标的驱动程序是否与所安装的鼠标类型相符。

（3）检查鼠标底部是否有模式设置开关，如果有，试着改变其位置，重新启动系统。如果还没有解决问题，仍把开关拨回原来的位置。

（4）检查鼠标的接口是否有故障，如果没有，可拆开鼠标底盖，检查光电接收电路系统是否有问题，并采取相应的措施。

（5）检查"系统 / 设备管理器"中是否存在与鼠标设置及中断请求发生冲突的资源，如果存在冲突，则重新设置中断地址。

（6）检查鼠标驱动程序与另一串行设备的驱动程序是否兼容，如不兼容，需断开另一串行设备的连接，并删除驱动程序。

（7）用替换法，将另一只正常的相同型号的鼠标与主机相连，重新启动系统查看鼠标的使用情况。

（8）如果以上方法仍不能解决，则怀疑主板接口电路有问题，只能更换主板或找专业维修人员维修。

12.2.9 排除键盘故障

键盘的常见故障就是系统不能识别键盘，开机自检后系统显示"键盘没有检测到"或"没有安装键盘"的提示。

故障分析与排除：这种故障可能是由接触不良、键盘模式设置错误、键盘的硬件故障、感染病毒或主板故障等引起，可按照以下步骤逐步排除。

（1）用杀毒软件对系统进行杀毒，重新启动后，检查键盘驱动程序是否完好。

（2）用替换法将另一只正常的相同型号的键盘与主机连接，再开机启动查看。

（3）检查键盘是否有模式设置开关，如果有，试着改变其位置，重新启动系统。若没解决问题，则把开关拨回原位。

（4）拔下键盘与主机的接口，检查接触是否良好，然后重新启动查看。

（5）拔下键盘的接口，换一个接口插上去，并把 CMOS 中对接口的设置做相应的修改，重新开机启动查看。

（6）如还不能使用键盘，说明是键盘的硬件故障引起的，检查键盘的接口和连线有无问题。

（7）检查键盘内部的按键或无线接收电路系统有无问题。

（8）重新检测或安装键盘及驱动程序后再试。

（9）检查 BIOS 是否被修改，如被病毒修改应重新设置，然后再次开机启动。

（10）若以上检查后故障仍存在，则可能是主板线路有问题，只能找专业人员维修。

12.3 项目实训：检测计算机硬件设备

12.3.1 实训目标

本实训的目标是利用鲁大师和操作系统的设备管理器，检测计算机的各种硬件，查看是否存在问题。

12.3.2 专业背景

目前检测硬件故障的软件不多。检测硬盘的主要有 HDTUNE 软件，或者在 DOS 下使用 MHDD 软件。检测内存的主要软件是 MenTest 软件。检测硬件整体兼容性的软件是 PC Mark 软件。检测显卡的有 3D Mark 软件。但这些软件多是收费软件，常用的免费软件有鲁大师、360 硬件大师、驱动精灵等。

12.3.3 操作思路

完成本实训主要包括使用鲁大师检测计算机中各硬件的情况和对比设备管理器中各硬件的情况两大步操作，其操作思路如图 12-9 所示。

【步骤提示】

（1）下载并安装鲁大师，启动软件，对计算机硬件进行检测，分别查看各个硬件的相关信息，包括型号、生产日期和生产厂家等。

微课视频

检测计算机硬件设备

①鲁大师测试各硬件　　　　②对比设备管理器中的硬件情况

图12-9　测试计算机硬件的操作思路

（2）单击"温度管理"选项卡，对硬件的温度进行检测，并进行温度压力测试。

（3）单击"性能测试"选项卡，对计算机性能进行测试，并得出分数。

（4）在Windows 7操作系统界面的"开始"按钮上单击鼠标右键，在弹出的快捷菜单中选择"属性"命令。

（5）打开"系统"窗口，在左侧的任务窗格中单击"设备管理器"超链接，打开"设备管理器"对话框，单击各硬件对应的选项，对比前面检测的结果。

12.4 课后练习

本章主要介绍了排除计算机故障的具体操作，包括排除常见的各种故障、软件故障和硬件故障等知识，并例举了一些具体故障进行分析，帮助大家学习排除故障的方法。

（1）根据本章介绍的知识，分别下载测试软件测试计算机硬件。

（2）找到一台出现了故障的计算机，判断并排除故障。

12.5 技巧提升

1. 常用计算机故障排除网站

现在是网络时代，计算机一旦发生故障，可直接在网络中搜索相关的故障信息和排除方法。下面推荐计算机发生故障时可以求助的网站，通过它们可以快速找到需要的信息。

● 电脑维修之家（http://www.dnwx.com/）：电脑维修之家网站提供全国各地的计算机上门维修服务，以及各种计算机故障的咨询，并设置专门的计算机维修论坛为各地计算机用户提供排除故障的技术交流，同时为计算机维修提供了各种下载资料。

● 91修（http://www.91xiu.com/）：91修网站主要提供各种电器的上门维修服务，其中最主要的一项就是计算机维修，主要包括维修基础知识、各种软件和硬件的维修等。

● **红警（中国）维修连锁**（http://www.honjing.com/）：红警（中国）维修连锁是集计算机硬件维修、数据恢复、维修技术培训、工具设备研发、计算机配件销售、全国加盟连锁店建立和 IT 产品全国联保服务提供于一体的具有强大品牌优势的计算机维修服务连锁机构。

● **电脑维修知识**（http://www.dnwxzs.com/）：电脑维修知识网站为初学计算机维修的人员提供了自学入门知识，其中有详尽的计算机维修文字教程，并配有形象生动的维修图解，是学习计算机维修知识的好地方。

2．Windows 7 操作系统中的故障处理功能

在计算机或者操作系统出现问题时，可以利用 Windows 7 操作系统自带的故障检测和处理功能来检测和排除故障，其具体操作步骤如下。

（1）在 Windows 7 操作系统界面中单击"开始"按钮，在打开的"开始"菜单中选择"控制面板"命令。

（2）打开"控制面板"窗口，在"系统和安全"项中单击"查找并解决问题"超链接。

（3）打开"疑难解答"窗口，在其中单击需要处理的故障对应的超链接，例如在"网络和 Internet"项中单击"连接到 Internet"超链接，如图 12-10 所示。

（4）打开"Internet 连接"对话框，单击 下一步(N) 按钮，如图 12-11 所示。

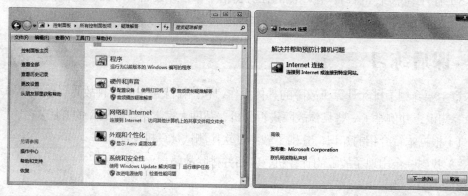

图 12-10　选择检测对象　　　　　　　图 12-11　开始故障检测

（5）Windows 7 操作系统开始检测 Internet 连接的相关问题，如果出现故障，会打开"解决方案"对话框，用户根据该对话框中的提示去排除故障即可。

APPENDIX

附录
综合实训

　　为了培养读者独立完成组装与维护计算机的能力，提高就业综合素质和创意思维能力，加强教学的实践性，本附录精心挑选了 5 个综合实训，分别围绕模拟设计不同用途的计算机配置、拆卸并组装一台计算机、配置一台新计算机、对一台计算机进行安全维护和计算机的维护与故障排除 5 个事件展开。通过完成实训，使读者进一步掌握计算机组装与维护的相关操作，巩固所学的知识。

实训 1　模拟设计不同用途的计算机配置

【实训目的】

通过实训掌握计算机各种硬件选购的相关知识，具体要求与实训目的如下。

● 　了解计算机的各种硬件性能参数。

● 　熟练掌握选购各种硬件的方法。

● 　熟练掌握各种硬件搭配，并为特定用户设计合适的组装计算机方案。

【实训步骤】

（1）选择硬件。通过中关村模拟在线装机中心（http://zj.zol.com.cn/）选择相应的硬件。

（2）生成报价单。拟定了 4 套不同的装机配置方案（4 套方案分为普通办公型、游戏影音型、网吧常用型和学生经济型），并生成新的报价单。

（3）参考网上方案。在"中关村在线"网站中参考各种模拟装机方案。

【实训参考效果】

本次实训中的选择硬件是最主要的步骤，其参考效果如图 1 所示。

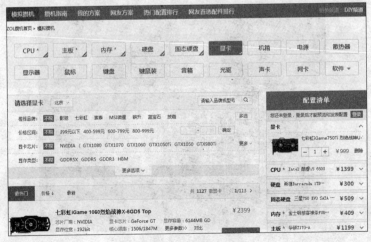

图 1　选择硬件

实训2 拆卸并组装一台计算机

【实训目的】

通过实训掌握组装一台计算机的操作，具体要求及实训目的如下。

- 熟练掌握拆卸外设连接的顺序和操作。
- 熟练掌握组装外设连接的顺序和操作。
- 熟练掌握拆卸计算机主机中各设备的顺序和操作。
- 熟练掌握组装计算机主机中各设备的顺序和操作。
- 了解组装计算机操作过程中的各种注意事项。

【实训步骤】

（1）断开外部连接。分别断开显示器和主机的电源开关，并拔掉显示器的电源线和数据线，拔掉连接主机的电源线、鼠标线、键盘线、音频线及网线等。

（2）拆卸计算机主机硬件。打开机箱的侧面板，拆卸所有PCI扩展卡和显卡，拆卸光驱和硬盘的数据线及电源线，拆卸光驱和硬盘，拆卸内存条，拆卸CPU，拔掉主板上的各种信号线（注意记忆各种信号线的连接位置），最后拆卸主板，并为这些硬件清理灰尘，放置在一起。

（3）组装计算机主机。将CPU、CPU风扇和内存安装到主板上，安装主板，将各种PCI扩展卡和显卡依次安装到主板上，安装光驱和硬盘，为光驱和硬盘连接数据线和电源线，为主板连接所有信号线，检查机箱内的所有连接，确认无误后安装机箱侧面板。

（4）连接计算机外部设备。连接主机的鼠标线、键盘线、音频线及网线，连接主机的电源线和显示器数据线，开机测试。

【实训参考效果】

本实训拆卸计算机主机硬件的参考效果如图2所示，组装好的计算机参考效果如图3所示。

图2 拆卸计算机主机的效果

图3 组装好的计算机效果

实训3 配置一台新计算机

【实训目的】

通过实训掌握配置一台新计算机的一系列操作，具体要求及实训目的如下。

- 熟练掌握BIOS设置的相关操作。
- 熟练掌握硬盘分区和格式化硬件的操作。
- 熟练掌握安装操作系统的操作。
- 熟练掌握安装驱动程序的操作。
- 熟练掌握安装各种软件的操作。

【实训步骤】

（1）设置BIOS。进入BIOS，设置系统日期和时间，设置系统的启动顺序（首先是USB设备，然后是光驱，最后是硬盘），启动BIOS的病毒防护，设置CPU的报警温度和保护温度，设置BIOS用户密码，最后保存所有设置并退出。

（2）硬盘分区。使用U盘启动计算机，通过U盘启动PartitionMagic，对硬盘进行分区（分为4个分区、1个主分区和3个逻辑分区）。

（3）格式化硬盘。继续使用PartitionMagic格式化硬盘分区。

（4）安装操作系统。将Windows XP的安装光盘放入计算机光驱，通过光驱启动计算机，安装操作系统。

（5）安装驱动程序。安装主板驱动程序，安装显卡驱动程序，安装声卡驱动程序，安装网卡驱动程序，安装打印机驱动程序。

（6）安装各种软件。安装Office办公软件，安装360杀毒和360安全卫士软件，安装WinRAR压缩软件，安装QQ实时通讯软件。

【实训参考效果】

本实训的操作较多，其相关步骤的参考效果如图4所示。

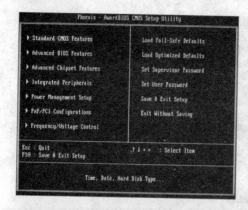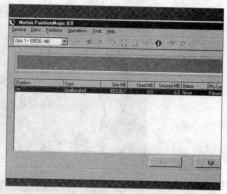

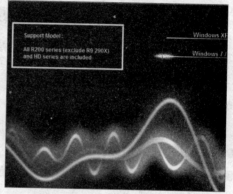

图 4　配置计算机的相关步骤效果

实训 4　对一台计算机进行安全维护

【实训目的】

通过实训要求安装相应的安全维护软件，并使用软件对计算机进行安全维护，具体要求及实训目的如下。

- 了解计算机安装维护的重要性和相关知识。
- 熟练掌握计算机优化的相关操作。
- 熟练掌握利用 Ghost 备份和还原操作系统的操作。
- 熟练掌握利用 360 安全卫士维护计算机的操作。
- 熟练掌握利用 360 杀毒维护计算机的操作。

【实训步骤】

（1）优化操作系统。主要是在"系统配置实用程序"对话框中取消多余的启动项，然后对磁盘进行清理和碎片整理。

（2）Ghost 备份操作系统。使用 U 盘启动计算机，使用其中的 Ghost 软件，对系统盘进行备份。

（3）Ghost 还原操作系统。用 Ghost 软件根据前面创建的镜像文件还原操作系统，看看还原前后的区别。

（4）360 安全卫士维护操作系统。先使用 360 安全卫士设置木马防火墙和查杀计算机中的木马，然后修复操作系统的漏洞，接着进行系统修复和垃圾文件的清理操作，并对操作系统的启动项进行设置，最后使用 360 安全卫士的电脑体检功能进行一次计算机的全面安全维护。

（5）360 杀毒维护操作系统。先升级病毒库，然后对计算机进行一次全盘病毒查杀。

【实训参考效果】

本实训的操作较多，其各个步骤的参考效果如图 5 所示。

图 5　维护计算机安全的步骤效果

实训 5　计算机的维护与故障排除

【实训目的】

通过实训要求对一台已不能正常开机使用的计算机进行日常维护，并找出该计算机不能使用的原因，排除故障，直至该计算机能正常使用，具体要求及实训目的如下。

● 了解计算机日常维护的重要性和相关知识。

● 熟练掌握计算机软件维护的相关操作。

● 熟练掌握计算机硬件日常维护的操作。

● 了解计算机排除故障的重要性和相关知识。

● 熟练掌握排除计算机常见故障的操作。

【实训步骤】

（1）进行计算机维护。先将计算机外设拆卸，将机箱打开，清理各硬件上的灰尘，将各硬件重新安装，保证接口连接正常，然后安装好计算机。

（2）找到故障产生的原因。先加电启动，听是否有报警声，如有就按照报警声提示进行排查，如没有就直接考虑电源问题，可以使用替换法；若电源没问题，就考虑显示设备的问题，检查显卡连接和显卡，确认显示设备正常；如果还不能排除故障，考虑CMOS电池和主板，确认两者正常；最后检查CPU，如果都正常，将硬盘取下，拿到其他计算机上进行启动测试，如果硬盘也是正常的，则只能将计算机送到专业维修点进行修理。

（3）确认故障。找到了故障产生的原因后，如果是硬件问题，就使用替换法，找一个正常的硬件进行替换；如果是软件问题，则需要将硬盘拿到另外一台计算机中确认故障的根源。

（4）排除故障。如果是硬件故障，最好将硬件送到专业维修点修理；如果是软件故障，则需要重新安装操作系统。

【实训参考效果】

本实训的操作较多，相关步骤的参考效果如图6所示。

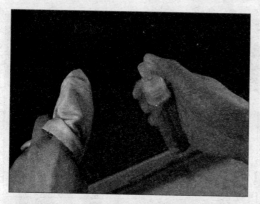

图6　维护并排除计算机故障的步骤效果